LOGIQUE ET RAISONNEMENTS
Mathématiques

Cet ouvrage, entièrement révisé dans cette seconde édition, présente la théorie de la démonstration en tant que discipline et en tant qu'outil. Les premiers chapitres présentent les bases du raisonnement mathématique et la syntaxe associée au calcul des énoncés. La deuxième partie traite plus particulièrement de la théorie de la démonstration, discipline à part entière des mathématiques. Des énoncés d'exercices avec leurs corrigés sont proposés en fin de chapitres.

[redacted]

Terminale S

AF746904

MATHEMA

@MATHEMATA

PUBLISHED BY MATHEMA

First printing, December 2025

Table des matières

Table des figures

Première partie

INTRODUCTION

La logique est souvent associée à « l'art de raisonner ». En mathématiques on traite d'objets : les nombres, les points, les droites, les ensembles, etc. On énonce des propriétés de ces objets — les énoncés mathématiques — de façon organisée. Certains énoncés initiaux, les axiomes sont admis, considérés évidents sur des domaines connus (arithmétique, géométrie...), ou définissant implicitement une certaine théorie (algèbre). On en déduit d'autres énoncés, les théorèmes en utilisant certaines règles de raisonnement la plupart du temps implicites mais que toute personne pratiquant les mathématiques admet. Les théorèmes décrivent des propriétés de moins en moins évidentes des objets considérés. Une preuve d'un énoncé est une construction qui permet de convaincre que l'on a bien utilisé pour déduire l'énoncé les règles de raisonnement communément admises. Au fondement d'une théorie mathématique, nous disposons de notions primitives appelées axiomes. Les axiomes sont des propositions primitives que l'on déclare vraies, a priori. En effet, ce sont des propositions indémontrables considérées comme évident en soi.

A partir des fondements d'une théorie mathématique, nous pouvons définir une assertion comme étant un énoncé (mathématique) susceptible de prendre deux valeurs logiques, le vrai (*V* en abrégé) ou le faux (*F* en abrégé). Pour qu'une assertion soit vraie, il est nécessaire d'avoir une démonstration. Ainsi, nous pouvons définir les notions suivantes permettant de constituer une théorie mathématique :

♦ Les définitions sont des descriptions d'objet ou de mot mathématiques.

♦ Les démonstrations sont des arguments justifiant la véracité d'une assertion.

♦ Les différentes assertions vraies sont les suivantes :

◇ Les propositions sont des assertions démontrées, dont certaines sont nommées propriétés.

◇ Les théorèmes sont des propositions importantes dans une théorie mathématique.

◇ Un lemme est une proposition moins importante qui va servir à démontrer des propositions plus importantes.

◇ Un corollaire est une proposition simple dont la démonstration est une application rapide d'un résultat plus conséquent.

♦ Un exemple est un cas particulier qui permet d'illustrer une proposition.

♦ Une conjecture est assertion qui semble vrai mais dont on n'a pas de démonstration.

Exemple : (Assertion vraie). La somme de deux nombres pairs est paire.

Ce cours ne sera pas non plus un apprentissage de « l'art de raisonner » en mathématique. La logique des mathématiques repose sur le présupposé d'une aptitude commune à raisonner qui nous permet de communiquer et de convaincre qu'un raisonnement est correct. S'il existe bien un raisonnement mathématique, il s'élabore sur une spécialisation du raisonnement commun dans le contexte des mathématiques. Ses spécificités s'acquièrent d'abord ... par la pratique des mathématiques (y compris bien-sûr la pratique de la logique mathématique), même si nous espérons que la formalisation de la logique que nous allons donner permettra de clarifier et de préciser cette pratique.

FIGURE 1 – Henri Poincaré

" Tout bon mathématicien doit également être un bon joueur d'échecs et vice versa. "
Henri Poincaré

Figure 2 – Bertrand Russell 1872-1970

"Les mathématiques peuvent être définies comme le domaine dans lequel on ne sait jamais de quoi l'on parle ni si ce que l'on dit est vrai. "

En 1896, il enseigne à la London School of Economics et commence à travailler sur la question des fondements des mathématiques. Il s'intéresse en particulier à la théorie des ensembles, ce qui l'amène à formuler le célèbre « paradoxe de Russell ». Il rédige The Principles of Mathematics, un livre dans lequel il expose son intuition fondamentale : mathématiques et logique sont en réalité une seule et même science.

Amoureux en secret de la femme de Whitehead, il éprouve une crise mystique lorsqu'il voit celle-ci souffrir d'une angine de poitrine. Toute la misère de la condition humaine lui apparaît alors, et il cherche une philosophie qui puisse rendre la vie humaine supportable, au-delà de ses recherches scientifiques qui lui paraissent désormais futiles.

En 1908, à 36 ans, il est élu à la Royal Society, puis se plonge dans l'écriture, avec Whitehead, des Principia Mathematica, qui le rendent mondialement célèbre. Cet ouvrage développe le projet annoncé dans les Principle of Mathematics : le logicisme, autrement dit la réduction des mathématiques à la logique.

En 1910, il enseigne à l'université de Cambridge. Il devient directeur de recherche du jeune Wittgenstein, une rencontre qui va également s'avérer pour lui déterminante, du point de vue philosophique. Celui-ci partage son intérêt pour l'atomisme logique, auquel Russell consacre un ouvrage, visant à déterminer quels sont les éléments ultimes du langage à partir desquels se construisent les propositions.

En 1916, il est renvoyé du Trinity College, en raison de son pacifisme. En 1920, il fait partie d'une délégation envoyée en Russie bolchevique, afin d'enquêter sur la nature du régime. Il rencontre Lénine et Trotsky, et en revient convaincu de la nature totalitaire du régime.

En 1921, il se marie avec Dora Blake et fonde une école expérimentale.

En 1931, il siège à la Chambre des Lords. En 1932, il se sépare de Dora, et se marie quatre ans plus tard avec Patricia Spence.

Deuxième partie

LOGIQUE MATHÉMATIQUES

Chapitre 1

LOGIQUE MATHÉMATIQUES

1.1 PROPOSITIONS - FONCTIONS PROPOSITIONNELLES

On rappelle qu'une proposition est un énoncé pouvant être vrai ou faux. On dit alors que les deux valeurs de vérité d'une proposition sont « vraies » et « fausses ». A partir d'une ou plusieurs propositions, on peut en construire d'autres. C'est l'objet des paragraphes suivants.

Vous rencontrerez de nombreux énoncés mathématiques comme :

1) Soit n un entier naturel.

2) Il existe un réel x tel que $x^2 = 2$

3) $5 \leq 26$

4) Pour tout entier naturel n , on a $n^2 \geq n$

5) Pour tout réel x , on a $x^2 \geq x$

6) Si x est un réel, on appelle valeur absolue de x le plus grand des nombres x et $-x$.

7) Si n est un entier naturel pair, alors n^2 est pair.

Ces énoncés sont de types différents : L' énoncé 1) introduit une notation.
L'énoncé 6) est une définition.
Les énoncés 2), 3), 4), 5) et 7) affirment qu'une certaine propriété est vraie.
Ce sont des propositions.

Définition

Une proposition est un énoncé mathématique qui affirme une propriété.

Une proposition est soit vraie soit fausse. Elle ne peut pas être à la fois vraie et fausse. Parmi les propositions ci-dessus, les propositions 2), 3), 4) et 7) sont vraies. La proposition 5) est fausse (en effet, $\frac{1}{2}$ est un réel et on n'a pas $(\frac{1}{2})^2 \geq \frac{1}{2}$. On distingue deux types de propositions vraies : les axiomes et les théorèmes. Un axiome est une proposition dont on décide a priori qu'elle est vraie : elle ne se démontre donc pas. Un théorème est une proposition dont on démontre qu'elle est vraie.

1.2 QUANTIFICATEURS - PROPOSITIONS QUANTIFIÉES

Une proposition mathématique est un énoncé qui est vrai ou faux, il n'y a pas d'autre alternative. Ce n'est pas le cas de toutes les propositions en langage courant, par exemple : « Bonjour » ou « Dis-le moi ! » ne sont ni vraies ni fausses mais « il pleut » ou « je suis en cours de maths » sont des propositions qui peuvent être vraies ou fausses. Le langage courant est souvent ambigu : la phrase : « Tous les musées sont fermés certains jours » signifie-t-elle « certains jours, tous les musées sont fermés » ou signifie-t-elle « chaque musée est fermé certains jours », ce qui est tout à fait différent ? En mathématiques, pour pouvoir affirmer avec certitude qu'une propriété est vraie ou fausse, il ne peut pas y avoir d'ambigüité. C'est pourquoi il est nécessaire d'adopter un langage précis spécifique aux mathématiques. Les quantificateurs servent à indiquer pour quels objets (certains, tous) une propriété est vraie.

⊙ **Quantificateur universel** : $\forall$

Il signifie « Quel que soit », « pour tout » « pour n'importe quel ».

⊙ **Quantificateur existentiel** : $\exists$

Il signifie : « Il existe au moins un » et se lit « il existe ».

L'ordre d'écriture des quantificateurs est fondamental. Quand on inverse l'ordre de deux quantificateurs, le sens change. Par exemple dans les phrases « Pour toutes les salles, il existe une clé qui en ouvre la porte » et « Il existe une clé qui, pour toutes les salles, ouvre la porte », parle-t-on de la même clé ?

Exercice

I. Écrire les propositions suivantes en langage courant :

Par exemple : $\forall x \geq 0 \exists y \geq 0, y^2 = x$: Pour tout réel positif x , il existe un réel positif y tel que $y^2 = x$

1) $\forall n \in IN : U_{n+1} \geq U_n$

2) $\exists n \in IN : U_{n+1} > U_n$

3) $\exists n \in IN : U_n < 0$

4) $\forall n \in IN : U_n \geq 0$

II. Associer chacune des propositions précédentes à l'une des propriétés ci-dessous :

a) La suite U_n est positive,

b) La suite U_n est négative,

c) La suite U_n n'est pas positive,

d) La suite U_n est croissante,

e) La suite U_n est strictement croissante,

f) La suite U_n est décroissante,

g) La suite U_n n'est pas décroissante

1.3 OPÉRATIONS LOGIQUES

FIGURE 1.1 – André Weil
" La logique est l'hygiène des mathématiques "

L'opération qui consiste à relier les propositions "Pierre est philosophe" et "Pierre est mathématicien" par la conjonction "et" pour obtenir la proposition composée "Pierre est philosophe et mathématicien" est une opération logique binaire dont l'opérateur logique est la conjonction "et". On parle d'opération binaire parce qu'elle porte sur deux opérandes.

On considère également une opération logique unaire qui porte sur un opérande. On utilisera une notation des opérations logiques semblable à la notation habituelle des opérations algébriques sur des nombres. D'autres notations sont possibles.

Chaque opération est décrite complètement si on donne la valeur de vérité du résultat pour toutes les combinaisons possibles de valeurs de vérité des opérandes. Une table reprenant les différentes combinaisons de valeurs de vérité des opérandes, à raison d'une par ligne, et dans une colonne le résultat correspondant est une présentation commode de l'opération. C'est la table de vérité de l'opération. Elle présente deux lignes dans le cas d'une opération unaire, 4 dans le cas d'une opération binaire.

L'algèbre de Boole des fonctions logiques permet de modéliser des raisonnements logiques, en exprimant un « état » en fonction de conditions. Par exemple, si nous étudions l'expression Communication et l'expression Décrocher :

■ Communication = Émetteur ET Récepteur

Communication serait « VRAI » si à la fois les variables Émetteur ET Récepteur étaient actifs (c'est une fonction logique dépendant des variables Émetteur et Récepteur)

■ Décrocher = (Sonnerie ET Décision de répondre) OU Décision d'appeler Décrocher serait « VRAI » soit si à la fois on entend la sonnerie ET l'on décide de répondre, soit (OU) si simplement l'on décide d'appeler.

L'algèbre de Boole étant un domaine commun à trois disciplines, on rencontre des notations différentes pour désigner un même objet. Dans le reste de l'article, on indiquera les diverses notations, mais on en privilégiera une pour conserver une certaine homogénéité.

1.3.1 NÉGATION LOGIQUE

Définition

Nier une proposition, c'est passer de la définition d'une partie d'un ensemble à la définition de son complémentaire. Son symbole est $\neg$: qui se place devant la proposition. C'est le seul connecteur qui porte sur une seule proposition.

Exemples

P	$\neg P$
$x \leq 6$	$x > 6$
$n \in IN$	$n \notin IN$
$2+3=5$	$2+3 \neq 5$
(D_1) et (D_2) sont sécantes	$(D_1) \parallel (D_2)$
$IN \subset IR$	$IN \not\subset IR$

Du fait du principe de dualité, c'est à dire qu'une proposition est soit vraie soit fausse, on a donc : soit la proposition P est vraie soit la proposition : $\neg P$ est vraie. Pour analyser les différents cas possibles, on a l'habitude de présenter les connecteurs logiques à l'aide de tables appelées « tables de vérité » . La table de vérité du connecteur NON sera donc :

P	$\neg P$
Vrai	Faux
Faux	Vrai

Si on utilise une notation informatique on remplaçant Vrai par 1 et Faux par 0 on obtient alors :

P	$\neg P$
1	2
2	1

1.3.2 DISJONCTION LOGIQUE

Définition

Le connecteur logique *ET* porte sur deux propositions. La proposition (P et Q) notée $P \wedge Q$ est vrai si les deux propositions P et Q sont simultanément vraies, la proposition $P \wedge Q$ est fausse dans tous les autres cas.

Exemples

P	Q	$P \wedge Q$
$a \geq 3$	$a \leq 7$	$a \in [3;7]$
$n \in Z$	$n = -1$	$(n \in Z) \wedge (n = -1)$

On a la table de vérité suivante :

P	Q	$P \wedge Q$
1	1	1
1	0	0
0	1	0
0	0	0

1.3.3 CONJONCTION LOGIQUE

Définition

Le connecteur logique *OU* porte sur deux propositions. La proposition (P ou Q) notée $P \bigvee Q$ est fausse si les deux propositions sont simultanément fausses, la proposition $P \bigvee Q$ est vraie dans tous les autres cas.

Exemples

P	Q	$P \bigvee Q$
$a \geq 1$	$a \leq -1$	$a \in]-\infty;-1] \cup [1;+\infty[$
$6 \leq 3$	$\sqrt{2} = -1$	$(6 \leq 3) \bigvee (\sqrt{2} = -1)$

On a la table de vérité suivante :

P	Q	$P \bigvee Q$
1	1	1
1	0	1
0	1	1
0	0	0

Remarque

On peut exprimer le connecteur *OU* à l'aide des connecteurs *ET* et *NON* :
$\bigvee Q = \neg(\neg P \wedge \neg Q)$

P	Q	$\neg P$	$\neg Q$	$\neg P \wedge \neg Q$	$\neg(\neg P \wedge \neg Q)$
1	1	0	0	0	1
1	0	0	1	0	1
0	1	1	0	0	1
0	0	1	1	1	0

1.3.4 IMPLICATION LOGIQUE

Définition

Le connecteur logique *Si...alors*, porte sur deux propositions. La proposition Si P alors Q notée $P \Rightarrow Q$ est fausse lorsque l'on a simultanément la proposition P vraie et la proposition Q fausse, la proposition $P \Rightarrow Q$ est vraie dans tous les autres cas.

Exemples

P	Q	$P \Rightarrow Q$
$x = -1$	$x^2 = 1$	$x = -1 \Rightarrow x^2 = 1$
$n \in Z$	$n \leq 0$	$(n \in Z) \Rightarrow (n \leq 0)$

On a la table de vérité suivante :

P	Q	$P \Rightarrow Q$
1	1	1
1	0	0
0	1	1
0	0	1

Remarque

On peut exprimer le connecteur logique : *Si...alors*, à l'aide des connecteurs *OU* et *NON* :

$P \Rightarrow Q = \neg P \vee Q$

P	Q	$\neg P$	$\neg P \vee Q$
1	1	0	1
1	0	0	0
0	1	1	1
0	0	1	1

1.3.5 ÉQUIVALENCE LOGIQUE

Définition

Le connecteur logique Si et seulement si porte sur deux propositions. La proposition (P si et seulement si Q) notée $P \Leftrightarrow Q$ est vrai lorsque l'on a simultanément P et Q vraies ou fausses. La proposition est fausse dans les autres cas.

Exemples

P	Q	$P \Leftrightarrow Q$
$ab = 0$	$a = 0 \vee b = 0$	$ab = 0 \Leftrightarrow (a = 0 \vee b = 0)$
$x^2 = 4$	$x = 2$ *OU* $x = -2$	$(x^2 = 4) \Leftrightarrow (x = 2OUx = -2)$

On a la table de vérité suivante :

P	Q	$P \Leftrightarrow Q$
1	1	1
1	0	0
0	1	0
0	0	1

Remarques

1. Lorsque l'on a $P \Leftrightarrow Q$, on dit que P est une condition nécessaire et suffisante de Q et inversement.

2. Pour qu'une équivalence soit vraie, il faut avoir : $P \Rightarrow Q$ *ET* $Q \Rightarrow P$

P	Q	$P \Rightarrow Q$	$Q \Rightarrow P$	$P \Rightarrow Q$ *ET* $Q \Rightarrow P$
1	1	1	1	1
1	0	0	1	0
0	1	1	0	0
0	0	1	1	1

Troisième partie

LOIS LOGIQUES - RAISONNEMENTS MATHÉMATIQUES

Chapitre 2

LOIS LOGIQUES

L'étude sur l'écriture de l'expression d'une fonction logique combinatoire, vous permet d'apprendre à écrire l'expression d'une fonction logique à partir de sa table de vérité.

Cette écriture peut être sous deux formes : la forme "somme de produits" et la forme "produit de sommes".

Cependant, pour les réalisations pratiques, il faut penser à simplifier ces expressions pour réduire le coût du matériel et le temps de câblage. La première technique de simplification que vous allez aborder dans cette étude est la simplification à l'aide des règles de l'algèbre booléenne.

Après avoir effectué un rappel sur les règles de base de l'algèbre booléenne présentées dans l'étude sur la logique booléenne, vous apprendrez deux nouvelles lois. Ce sont les lois de De Morgan et les lois de l'absorption et de l'adjacence logiques. Elles sont très utiles pour la simplification algébrique. Vous maîtriserez ensuite la simplification algébrique à l'aide de plusieurs exemples.

L'étude sur la logique booléenne, vous permet d'apprendre que l'algèbre booléenne dispose d'un ensemble de règles de base. Ces règles sont :

♦ les postulats,

♦ les théorèmes pour une seule variable,

♦ les lois pour plusieurs variables.

D'ailleurs, vous avez vérifié certains théorèmes pour une seule variable dans les exercices pratiques de l'étude sur la logique booléenne. Cet ensemble de règles de base est très utile dans la simplification algébrique.

2.1 LOIS LOGIQUES LOIS DE MORGAN

FIGURE 2.1 – Auguste De Morgan
Le mathématicien britannique Auguste De Morgan est né le 27 juin 1806. Fondateur avec Boole de la logique moderne, il a notamment formulé les lois de De Morgan.

⊙ Le moteur de l'invention mathématique n'est pas le raisonnement mais l'imagination.

⊙ Quand on lui demandait son âge, il répondait : j'avais x ans en l'an x^2.

⊙ Imaginez une personne qui n'a pas peur du ridicule. Elle pourrait vous dire : premièrement, un nombre négatif n'a pas de logarithme ; deuxièmement, un nombre négatif n'a pas de racine carrée ; troisièmement, le rapport entre ces deux nombres qui n'existent pas est égal au rapport entre la circonférence et le diamètre d'un cercle.

Auguste de Morgan

Définition

Identités logiques utilisées en logique propositionnelle et dans la théorie des ensembles, formulées par le mathématicien britannique Augustus De Morgan.

En **logique propositionnelle** , ces identités s'énoncent comme suit :

♦ La négation de la conjonction de deux propositions est équivalente à la disjonction des négations des deux propositions, ce qui signifie « non (P et Q) » est « (non P) ou (non Q) » : $\neg(P \wedge Q) = \neg P \vee \neg Q$

♦ La négation de la disjonction de deux propositions est équivalente à la conjonction des négations des deux propositions, ce qui signifie que « non (P ou Q) » est « (non P) et (non Q) » : $\neg(P \vee Q) = \neg P \wedge \neg Q$

En théorie des ensembles , ces identités s'énoncent comme suit :

Soit l'ensemble $U = \{1,2,3,4,5,6,7,8,9,10\}$ et les sous-ensembles $A = \{5,6,7,8,9,10\}$ et $B = \{2,3,4,5,6,7\}$.

• Puisque $A \cap B = \{5,6,7\}$ alors$(A \cap B)' = \{1,2,3,4,8,9,10\}$ et puisque $A' = \{1,2,3,4\}$ et $B' = \{1,8,9,10\}$ alors $A' \cup B' = \{1,2,3,4,8,9,10\}$. Alors, on voit que : $(A \cap B)' = A' \cup B'$.

• De même puisque $A \cup B = \{2,3,4,5,6,7,8,9,10\}$, Alors $(A \cup B)' = \{1\}$ et $A' \cap B' = \{1\}$.

On peut aussi observer que $(A \cup B)' = A' \cap B'$

Propriétés

Soit p et q deux propositions.

⊙ $\overline{\overline{p}} \Leftrightarrow p$ et $\overline{\overline{p} \wedge \overline{q}}$

⊙ Lois de Morgan : $\overline{p \vee q} \Leftrightarrow \overline{p} \wedge \overline{q}$ et $\overline{p \wedge q} \Leftrightarrow \overline{p} \vee \overline{q}$

Exercice

Soient P, Q et R des propositions,

Montrer que chaque proposition est une loi logique :

- $\neg(\neg P) \Leftrightarrow P$
- P OU $Q \Leftrightarrow \neg P \Rightarrow Q$
- $P \Rightarrow (Q \Rightarrow P)$
- $[P\ ET\ (P \Rightarrow Q)] \Rightarrow Q$
- $(P \Leftrightarrow Q) \Leftrightarrow (Q \Leftrightarrow P)$
- P ET $(Q\ ET\ R) \Leftrightarrow (P\ ET\ Q)\ ET\ R$

FIGURE 2.2 – Georges Boole

Issu d'une famille pauvre, George Boole est autodidacte et devient enseignant à 16 ans.
Bénéficiant des moyens de l'Institut de mécanique de sa ville, il se confronte quelques années plus tard aux œuvres d'Isaac Newton, Pierre-Simon de Laplace et Joseph-Louis Lagrange.
En 1839, il publie ainsi sa première étude dans le Cambridge Mathematical Journal. Cette publication et l'appui qu'il obtient du cercle des algébristes de Cambridge lui permettent de s'imposer petit à petit comme une personnalité importante du monde des mathématiques. En 1844, après la publication d'un mémoire d'analyse dans les Philosophical Transactions, la Royal Society lui décerne une médaille.
C'est le début d'une série de travaux posant les bases de ce qu'on nommera plus tard l'algèbre de Boole. En 1847 est publié Mathematical Analysis of Logic, puis An Investigation Into the Laws of Thought, on Which are Founded the Mathematical Theories of Logic and Probabilities en 1854. Boole y développe une nouvelle forme de logique, à la fois symbolique et mathématique. Il crée une algèbre binaire n'acceptant que deux valeurs numériques : 0 et 1. Les travaux de Boole, s'ils sont théoriques, n'en trouveront pas moins des applications primordiales dans des domaines aussi divers que les systèmes informatiques, la théorie des probabilités, les circuits électriques et téléphoniques, etc.. grâce à des scientifiques comme Peirce, Frege, Bertrand Russell, Alan Turing et Claude Shannon.
En 1849, George Boole se voit proposer une chaire de professeur des mathématiques au Queen's College de Cork, en Irlande. Et en 1857, il est nommé membre de la Royal Society. Il s'intéresse ensuite aux équations différentielles à travers deux traités : Treatise on Differential Equations (1859) et Treatise on the Calculus of Finite Differences (1860).

Exercice :

On considère les enoncés mathématiques suivants :

A : "$4 + 5 = 10$" ; B : "$3 \in \mathbb{N}$"

C : $(x \in \mathbb{N})$; $x + 2 = 3$" ; D : "$(x, y) \in \mathbb{Z}^2$; $x + 2y = 3$"

1/ Déterminer la valeur de vérité de chacune des propositions A et B.

2/ Même Question pour :

P : "$(\sqrt{2} + \sqrt{3})^2 = 5$" ; Q : "$\pi + 1 > 4$"

R : "$\sqrt{2}$ est un nombre rationnel"

T : " Pour tout points A, B et M du plan :

$$\overrightarrow{AM} + \overrightarrow{MB} = \overrightarrow{AB}$$ "

S : " $x \longmapsto x^2$ est une fonction impaire"

3/ L'énoncé C à une signification vraie ou fausse ?

4/ Montrer Que D est une fonction propositionnelle

5/ a/ Donner un exemple d'une proposition vraie.

b/ Donner un exemple d'une proposition fausse.

c/ Donner un exemple d'une fonction propositionnelle d'une seule variable.

d/ Donner un exemple d'une fonction propositionnelle de deux Variables.

FIGURE 2.3 – PROPOSITIONS ET FONCTIONS PROPOSITIONNELLES - EXERCICE 01

Solution 8

1/ La proposition A : " $4+5=10$ " est fausse.

Car : " $4+5 = 9 \neq 10$ ".

La proposition B : " $3 \in \mathbb{N}$ " est vraie.

Car 3 est un nombre entier naturel.

2/ La proposition P : " $(\sqrt{2}+\sqrt{3})^2 = 5$ " est fausse.

Car :

$$(\sqrt{2}+\sqrt{3})^2 = \sqrt{2}^2 + \sqrt{3}^2 + 2\sqrt{2}\sqrt{3}$$
$$= 2 + 3 + 2\sqrt{6}$$
$$= 5 + 2\sqrt{6}.$$

" $5 + 2\sqrt{6} = 5$ " fausse.

La proposition Q : " $\pi + 1 > 4$ " est vraie.

Car :

$$\pi \simeq 3,14$$
$$\pi + 1 \simeq 4,14$$

La proposition R : " $\sqrt{2}$ est un nombre rationnel " est fausse.

Car : $\sqrt{2}$ est un nombre irrationnel

On peut pas écrire $\sqrt{2}$ sous forme d'une fraction $\frac{a}{b}$ / $a \in \mathbb{Z}$ et $b \in \mathbb{N}^*$.

Figure 2.4 – PROPOSITIONS ET FONCTIONS PROPOSITIONNELLES - SOLUTION

La proposition T : " Pour tout points A, B et M du plan $\overrightarrow{AM} + \overrightarrow{MB} = \overrightarrow{AB}$ " est vraie.

(Relation de Chasles)

La proposition S : " $x \mapsto x^2$ est une fonction impaire " est fausse.

Car : soit $f(x) = x^2$

$D_f = \mathbb{R}$

On a : . Pour tout $x \in \mathbb{R}$; on a $(-x) \in \mathbb{R}$.

. Pour tout $x \in \mathbb{R}$;

$$f(-x) = (-x)^2 = x^2 = f(x).$$

3/ L'énoncé C contient une variable appartenant à $\mathbb{N}$ et qui devient une proposition à chaque fois qu'on remplace la variable x par un élément de $\mathbb{N}$.

* Pour : $x = 1$; on a : " $1 + 2 = 3$ " V

* Pour : $x = 0$; on a : " $0 + 2 = 3$ " F

Donc C est une fonction propositionnelle.

FIGURE 2.5 – PROPOSITIONS ET FONCTIONS PROPOSITIONNELLES - SOLUTION

4/ D : " $(x,y) \in \mathbb{Z}^2$; $x + 2y = 3$ "

L'énoncé D dépend de deux Variables de $\mathbb{Z}$

tels que : " $x + 2y = 3$ ".

* Pour : " $(1,1) \in \mathbb{Z}^2$; $1 + 2 \times 1 = 3$ " Vraie
* Pour : " $(0,2) \in \mathbb{Z}^2$: $0 + 2 \times 2 = 3$ " fausse.
* Pour : " $(-1,3) \in \mathbb{Z}^2$, $-1 + 2 \times 3 = 3$ " fausse.

Donc, D est une fonction propositionnelle de deux Variables.

5/

a/ A : " $5 > 3$ "

b/ B : " $\sqrt{2} \in \mathbb{Q}$ "

c/ C : " $(n \in \mathbb{N})$: $n > 3$ "

d/ D : " $(n,m) \in \mathbb{N}^2$: $n - m = 1$ "

FIGURE 2.6 – PROPOSITIONS ET FONCTIONS PROPOSITIONNELLES - SOLUTION

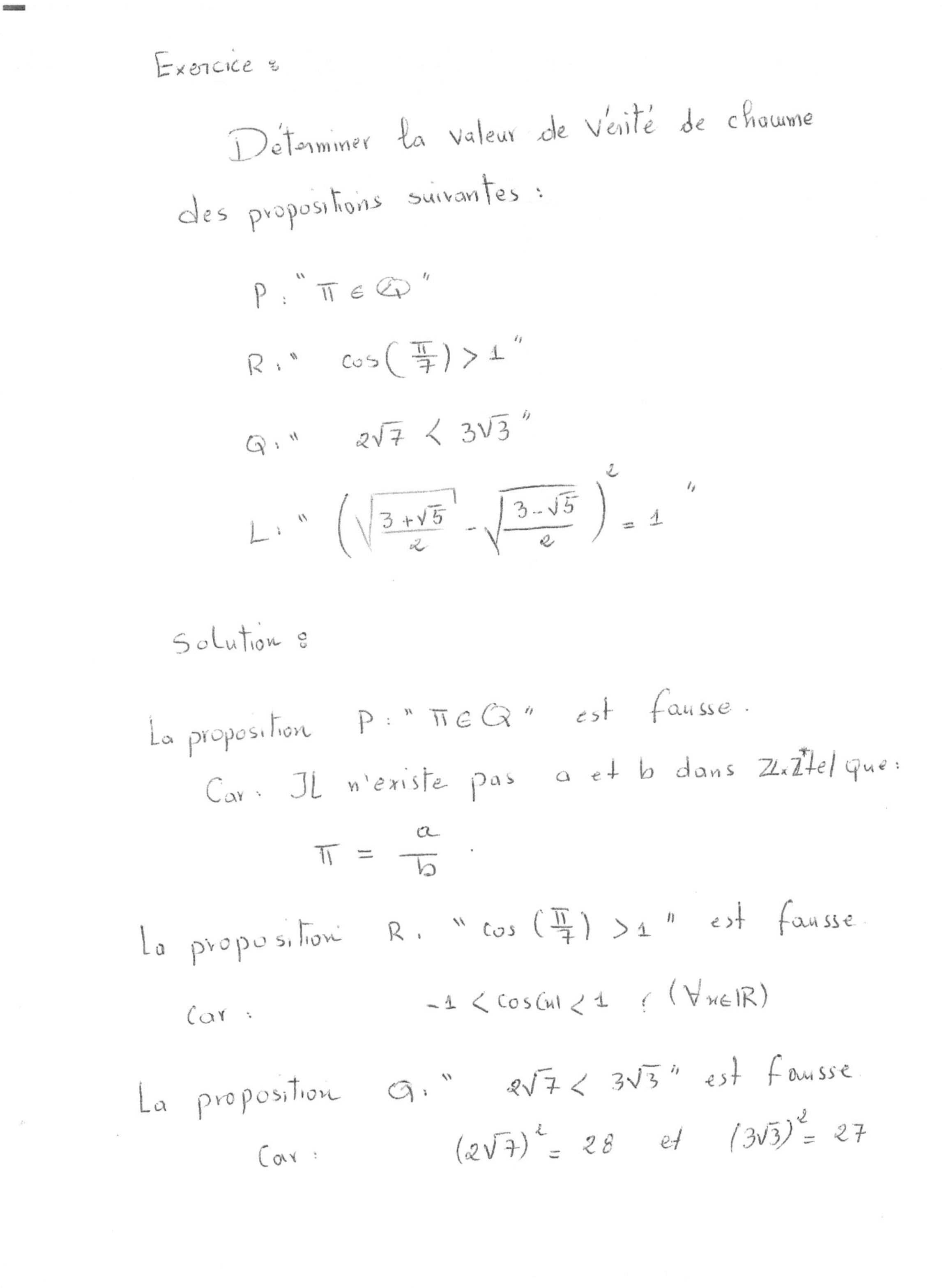

Exercice :

Déterminer la valeur de véité de chaume des propositions suivantes :

P : " $\pi \in \mathbb{Q}$ "

R : " $\cos\left(\frac{\pi}{7}\right) > 1$ "

Q : " $2\sqrt{7} < 3\sqrt{3}$ "

L : " $\left(\sqrt{\frac{3+\sqrt{5}}{2}} - \sqrt{\frac{3-\sqrt{5}}{2}}\right)^2 = 1$ "

Solution :

La proposition P : " $\pi \in \mathbb{Q}$ " est fausse.

Car : Il n'existe pas a et b dans $\mathbb{Z} \times \mathbb{Z}^*$ tel que :

$$\pi = \frac{a}{b}.$$

La proposition R : " $\cos\left(\frac{\pi}{7}\right) > 1$ " est fausse

Car : $-1 < \cos(x) < 1$; $(\forall x \in \mathbb{R})$

La proposition Q : " $2\sqrt{7} < 3\sqrt{3}$ " est fausse

Car : $(2\sqrt{7})^2 = 28$ et $(3\sqrt{3})^2 = 27$

FIGURE 2.7 – PROPOSITIONS - EXERCICE 02

La proposition R : " $\left(\sqrt{\frac{3+\sqrt{5}}{2}} - \sqrt{\frac{3-\sqrt{5}}{2}}\right)^2 = 1$ "

est Vraie :

Car : $\left(\sqrt{\frac{3+\sqrt{5}}{2}} - \sqrt{\frac{3-\sqrt{5}}{2}}\right)^2$

$$= \frac{3+\sqrt{5}}{2} + \frac{3-\sqrt{5}}{2} - 2\sqrt{\frac{(3+\sqrt{5})(3-\sqrt{5})}{4}}$$

$$= 3 - \frac{2}{2}\sqrt{9-5}$$

$$= 3 - \sqrt{4}$$

$$= 3 - 2$$

$$= 1$$

Figure 2.8 – PROPOSITIONS - SOLUTION

Exercice 3

Déterminer la négation des propositions suivantes :

(P_1) : $\exists x \in \mathbb{Q} : x^2 = 2$

(P_2) : $\forall a \in \mathbb{R}^+ ; \forall b \in \mathbb{R}^+ : a + b \in \mathbb{R}^+$

(P_3) : $\exists x \in \mathbb{R} : x^2 - 3x + 1 = 0$

(P_4) : $\forall x \in \mathbb{R} : x^2 \geq 0$

(P_5) : $\forall x \in \mathbb{R} : x < -1 \Rightarrow x < 0$

(P_6) : $\forall (a, b) \in \mathbb{R}^2 : ab = 0 \Leftrightarrow (a = 0 \text{ ou } b = 0)$

(P_7) : $\forall n \in \mathbb{N} : n/4 \Rightarrow n$ est pair

(P_8) : $\forall x \in \mathbb{R} ; \forall y \in \mathbb{R} ; \exists r \in \mathbb{Q} : x < r < y$

(P_9) : $\exists! x \in \mathbb{R} : \sin(x) = x$

(P_{10}) : $\exists! x \in \mathbb{R} : x^2 - 1 = 0$

(P_{11}) : $\forall x \in \mathbb{N} ; \exists \alpha > 0 : |x| < \alpha \Rightarrow \left| \frac{x-1}{x+1} - 1 \right| < \alpha$

(P_{12}) : $\exists x \in \mathbb{R}, \exists y \in \mathbb{R} : x - y = 1$ et $x \leq 1$

FIGURE 2.9 – NÉGATION D'UNE PROPOSITION - EXERCICE 03

solutions :

$(\overline{P_1})$: $\forall x \in \mathbb{Q} : x^2 \neq 2$

$(\overline{P_2})$: $\exists a \in \mathbb{R}^+, \exists b \in \mathbb{R}^+ : a+b \notin \mathbb{R}^+$

$(\overline{P_3})$: $\forall x \in \mathbb{R} : x^2 - 3x + 1 \neq 0$

$(\overline{P_4})$: $\exists x \in \mathbb{R} : x^2 < 0$

$(\overline{P_5})$: $\exists x \in \mathbb{R} : x < -1$ et $x \geq 0$

$(\overline{P_6})$: $\exists (a,b) \in \mathbb{R}^2 : \big(ab=0$ et $\overline{(a=0 \text{ ou } b=0)}\big)$

ou $\big(ab \neq 0$ et $(a=0$ ou $b=0)\big)$

$\Leftrightarrow \exists (a,b) \in \mathbb{R}^2 : \big(ab=0$ et $(a \neq 0$ et $b \neq 0)\big)$

ou $\big(ab \neq 0$ et $(a=0$ ou $b=0)\big)$

$\overline{(P_7)}$: $\exists n \in \mathbb{N} : n/4$ et n est impair

$(\overline{P_8})$: $\exists x \in \mathbb{R} ; \exists y \in \mathbb{R} ; \forall r \in \mathbb{Q} : x \geq r$ ou $r \geq y$

$\overline{(P_9)}$: $(\forall x \in \mathbb{R} : \sin(x) \neq x)$ ou $(\exists x_1 \in \mathbb{R} ; \exists x_2 \in \mathbb{R} ;$

$x_1 \neq x_2$ et $\sin(x) = x)$

FIGURE 2.10 – NÉGATION D'UNE PROPOSITION - SOLUTION

$(\overline{P_{10}})$: $(\forall x\in\mathbb{R} : x^2-1 \neq 0)$ ou $(\exists x_1\in\mathbb{R} ; \exists x_2\in\mathbb{R} :$

$x_1 \neq x_2$ et $x^2-1=0)$

$(\overline{P_{11}})$: $\exists x\in\mathbb{N} ; \forall \alpha>0 : |x|<\alpha$ et

$\left| \frac{x-1}{x+1} - 1 \right| \geq \alpha$

$(\overline{P_{12}})$: $\forall x\in\mathbb{R} ; \forall y\in\mathbb{R} : x-y \neq 1$ ou $x>1$

Exercice :

Déterminer la négation des propositions :

1/ $p \Rightarrow q$

2/ $p \Leftrightarrow q$

Solution :

1/ On a : $(p \Rightarrow q) \Leftrightarrow (\bar{p} \text{ ou } q)$

Donc : $\overline{(p \Rightarrow q)} \Leftrightarrow \overline{(\bar{p} \text{ ou } q)}$

$\Leftrightarrow \bar{\bar{p}} \text{ et } \bar{q}$

$\Leftrightarrow p \text{ et } \bar{q}$

FIGURE 2.11 – NÉGATION D'UNE PROPOSITION - EXERCICE 04

2/ On a : $(p \Leftrightarrow q) \Leftrightarrow (p \Rightarrow q) \text{ et } (q \Rightarrow p)$

Donc : $\overline{(p \Leftrightarrow q)} \Leftrightarrow \overline{(p \Rightarrow q) \text{ et } (q \Rightarrow p)}$

$\Leftrightarrow \overline{(p \Rightarrow q)} \text{ ou } \overline{(q \Rightarrow p)}$

$\Leftrightarrow (p \text{ et } \bar{q}) \text{ ou } (q \text{ et } \bar{p})$

FIGURE 2.12 – NÉGATION D'UNE PROPOSITION - SOLUTION

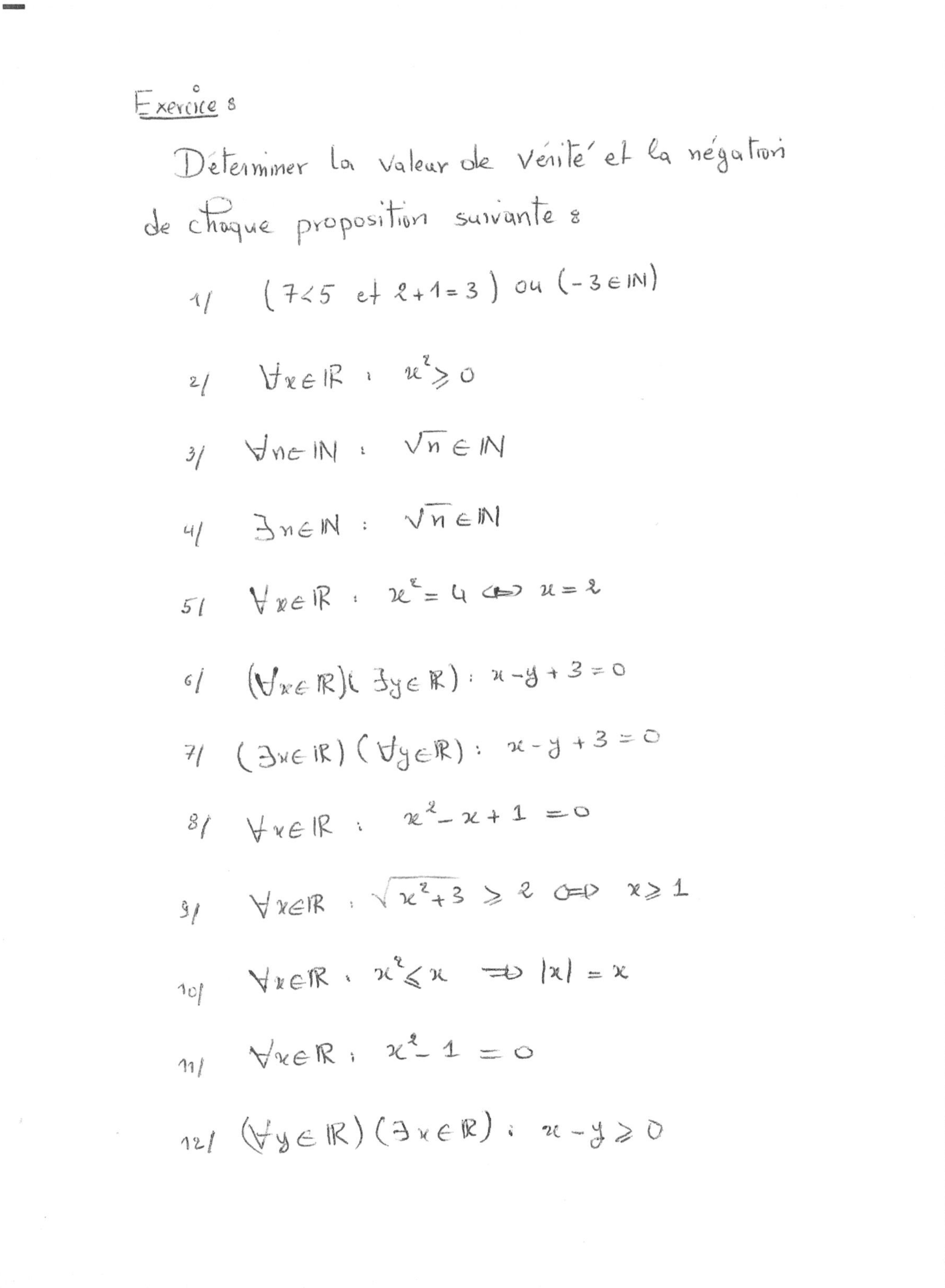

Exercice :

Déterminer la valeur de vérité et la négation de chaque proposition suivante :

1/ $(7 < 5$ et $2 + 1 = 3)$ ou $(-3 \in \mathbb{N})$

2/ $\forall x \in \mathbb{R} : x^2 \geq 0$

3/ $\forall n \in \mathbb{N} : \sqrt{n} \in \mathbb{N}$

4/ $\exists n \in \mathbb{N} : \sqrt{n} \in \mathbb{N}$

5/ $\forall x \in \mathbb{R} : x^2 = 4 \Leftrightarrow x = 2$

6/ $(\forall x \in \mathbb{R})(\exists y \in \mathbb{R}) : x - y + 3 = 0$

7/ $(\exists x \in \mathbb{R})(\forall y \in \mathbb{R}) : x - y + 3 = 0$

8/ $\forall x \in \mathbb{R} : x^2 - x + 1 = 0$

9/ $\forall x \in \mathbb{R} : \sqrt{x^2 + 3} \geq 2 \Leftrightarrow x \geq 1$

10/ $\forall x \in \mathbb{R} : x^2 \leq x \Rightarrow |x| = x$

11/ $\forall x \in \mathbb{R} : x^2 - 1 = 0$

12/ $(\forall y \in \mathbb{R})(\exists x \in \mathbb{R}) : x - y \geq 0$

FIGURE 2.13 – NÉGATION ET VALEUR DE VÉRITÉ D'UNE PROPOSITION - EXERCICE 05

Solution :

1/ P : $(7<5$ et $2+1=3)$ ou $(-3 \in \mathbb{N})$: Fausse.

$\overline{P}$: $(7 \geq 5$ ou $2+1 \neq 3)$ et $(-3 \notin \mathbb{N})$: Vraie.

2/ P : $(\forall x \in \mathbb{R})$: $x^2 \geq 0$: Vraie

$\overline{P}$: $(\exists x \in \mathbb{R})$: $x^2 < 0$: fausse

3/ P : $(\forall n \in \mathbb{N})$. $\sqrt{n} \in \mathbb{N}$: Fausse

$\overline{P}$: $(\exists n \in \mathbb{N})$: $\sqrt{n} \notin \mathbb{N}$: Vraie

pour : $n = 2$: $\sqrt{2} \notin \mathbb{N}$.

4/ P : $(\exists n \in \mathbb{N})$: $\sqrt{n} \in \mathbb{N}$: Vraie

$\overline{P}$: $(\forall n \in \mathbb{N})$: $\sqrt{n} \notin \mathbb{N}$: Fausse

5/ P : $(\forall x \in \mathbb{R})$: $x^2 = 4 \Leftrightarrow x = 2$: Fausse

$\overline{P}$: $(\exists x \in \mathbb{R})$: $(x^2 = 4$ et $x \neq 2)$ ou $(x^2 \neq 4$ et $x = 2)$: Vraie

$\exists x \in \mathbb{R}$: $x = -2$

$x^2 = (-2)^2 = 4$

6/ P : $(\forall x \in \mathbb{R})(\exists y \in \mathbb{R})$: $x - y + 3 = 0$: Vraie

$\overline{P}$: $(\exists x \in \mathbb{R})(\forall y \in \mathbb{R})$: $x - y + 3 \neq 0$: Fausse.

$\forall x \in \mathbb{R}$: pour : $y = x + 3$.

Figure 2.14 – NÉGATION ET VALEUR DE VÉRITÉ D'UNE PROPOSITION - SOLUTION

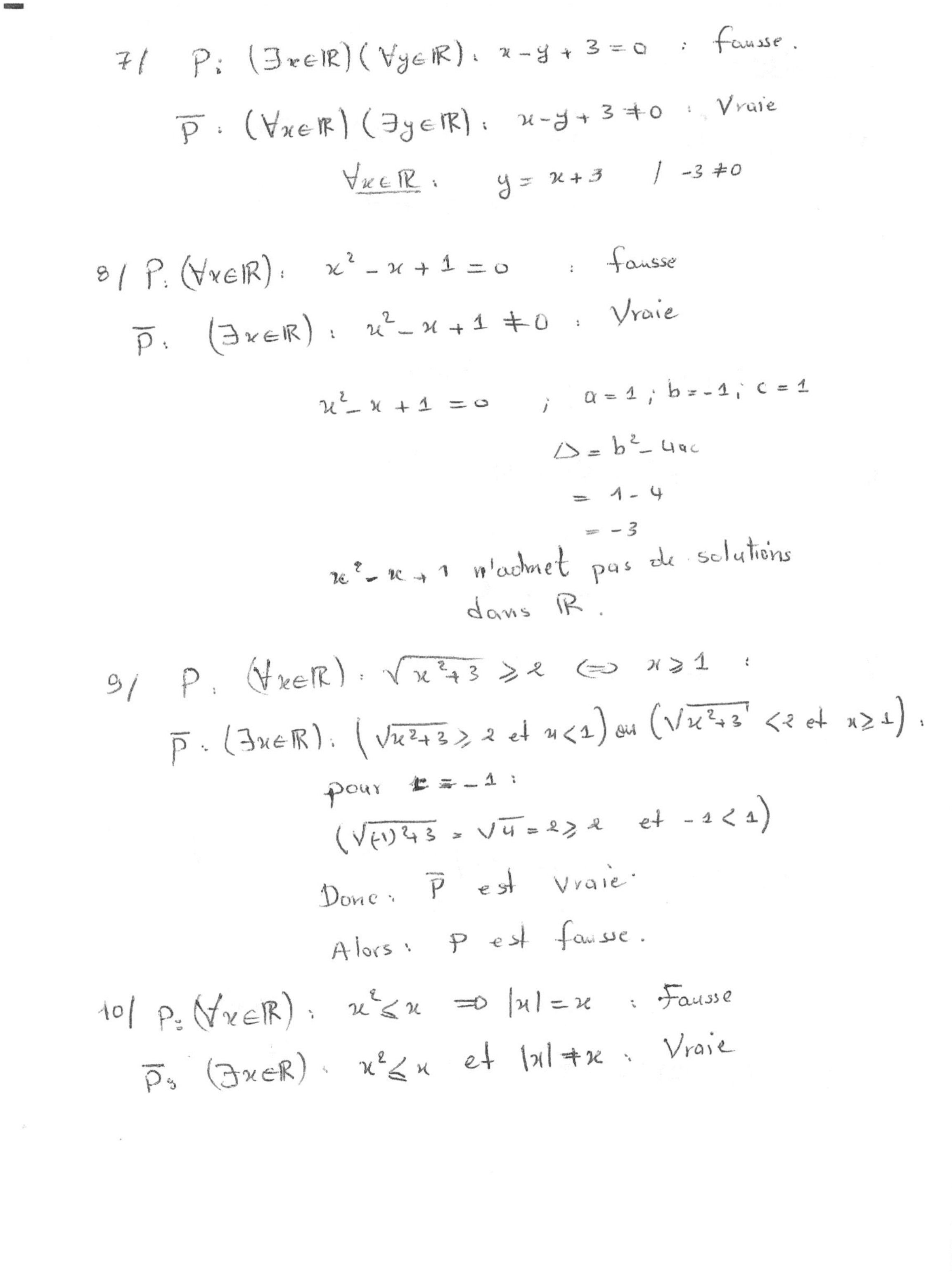

7/ P : $(\exists x\in\mathbb{R})(\forall y\in\mathbb{R}) : x - y + 3 = 0$: fausse.

$\overline{P}$: $(\forall x\in\mathbb{R})(\exists y\in\mathbb{R}) : x - y + 3 \neq 0$: Vraie

$\forall x\in\mathbb{R}$: $y = x + 3$ / $-3 \neq 0$

8/ P : $(\forall x\in\mathbb{R}) : x^2 - x + 1 = 0$: fausse

$\overline{P}$: $(\exists x\in\mathbb{R}) : x^2 - x + 1 \neq 0$: Vraie

$x^2 - x + 1 = 0$; $a = 1$; $b = -1$; $c = 1$

$\Delta = b^2 - 4ac$

$= 1 - 4$

$= -3$

$x^2 - x + 1$ n'admet pas de solutions dans $\mathbb{R}$.

9/ P : $(\forall x\in\mathbb{R}) : \sqrt{x^2+3} \geq 2 \Leftrightarrow x \geq 1$:

$\overline{P}$: $(\exists x\in\mathbb{R}) : \left(\sqrt{x^2+3} \geq 2 \text{ et } x < 1\right)$ ou $\left(\sqrt{x^2+3} < 2 \text{ et } x \geq 1\right)$.

pour $x = -1$:

$(\sqrt{(-1)^2+3} = \sqrt{4} = 2 \geq 2$ et $-1 < 1)$

Donc : $\overline{P}$ est Vraie.

Alors : P est fausse.

10/ P : $(\forall x\in\mathbb{R}) : x^2 \leq x \Rightarrow |x| = x$: Fausse

$\overline{P}$: $(\exists x\in\mathbb{R}) : x^2 \leq x$ et $|x| \neq x$: Vraie

FIGURE 2.15 – NÉGATION ET VALEUR DE VÉRITÉ D'UNE PROPOSITION - SOLUTION

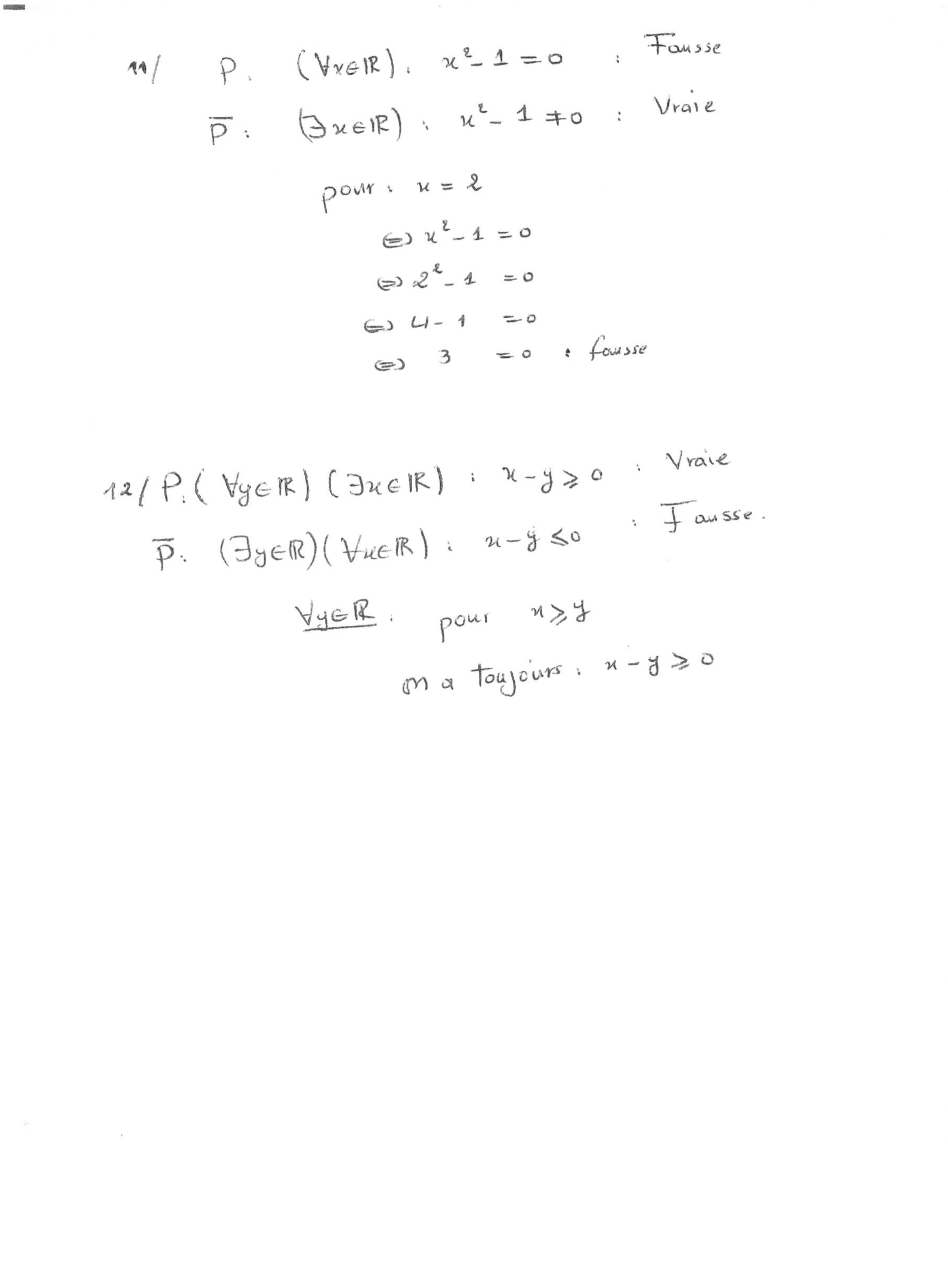

11/ P : $(\forall x \in \mathbb{R}) : x^2 - 1 = 0$: Fausse

$\overline{P}$: $(\exists x \in \mathbb{R}) : x^2 - 1 \neq 0$: Vraie

pour : $x = 2$

$\Leftrightarrow x^2 - 1 = 0$

$\Leftrightarrow 2^2 - 1 = 0$

$\Leftrightarrow 4 - 1 = 0$

$\Leftrightarrow 3 = 0$: fausse

12/ P : $(\forall y \in \mathbb{R})(\exists x \in \mathbb{R}) : x - y \geq 0$: Vraie

$\overline{P}$: $(\exists y \in \mathbb{R})(\forall x \in \mathbb{R}) : x - y \leq 0$: Fausse.

$\underline{\forall y \in \mathbb{R}}$: pour $x \geq y$

on a toujours : $x - y \geq 0$

FIGURE 2.16 – NÉGATION ET VALEUR DE VÉRITÉ D'UNE PROPOSITION - SOLUTION

Exercice :

Soient p ; q et R des propositions,

Montrer que chaque proposition est une loi logique :

1) $\neg(\neg p) \Leftrightarrow p$

2) p ou $q \Leftrightarrow \neg p \Rightarrow q$

3) $p \Rightarrow (q \Rightarrow p)$

4) $[p$ et $(p \Rightarrow q)] \Rightarrow q$

5) $(p \Leftrightarrow q) \Leftrightarrow (q \Leftrightarrow p)$

6) p et $(q$ et $R) \Leftrightarrow (p$ et $q)$ et R

Solution :

1) Montrons que : $\neg(\neg p) \Leftrightarrow p$

p	$\neg p$	$\neg(\neg p)$	$\neg(\neg p) \Leftrightarrow p$
1	0	1	1
0	1	0	1

2) Montrons que : $(p$ ou $q) \Leftrightarrow (\neg p \Rightarrow q)$

p	q	p ou q	$\neg p$	$\neg p \Rightarrow q$	$(p$ ou $q) \Leftrightarrow (\neg p \Rightarrow q)$
1	1	1	0	1	1
1	0	1	0	1	1
0	1	1	1	1	1
0	0	0	1	0	1

FIGURE 2.17 – LOIS LOGIQUES - EXERCICE 05

③ Montrons que : $p \Rightarrow (q \Rightarrow p)$

p	q	$q \Rightarrow p$	$p \Rightarrow (q \Rightarrow p)$
1	1	1	1
1	0	0	0
0	1	1	1
0	0	1	1

④ Montrons que : $[p \text{ et } (p \Rightarrow q)] \Rightarrow q$

p	q	$p \Rightarrow q$	$p \text{ et } (p \Rightarrow q)$	$[p \text{ et } (p \Rightarrow q)] \Rightarrow q$
1	1	1	1	1
1	0	0	0	1
0	1	1	0	0
0	0	1	0	1

⑤ Montrons que : $(p \Leftrightarrow q) \Leftrightarrow (q \Leftrightarrow p)$

p	q	$p \Leftrightarrow q$	$q \Leftrightarrow p$	$(p \Leftrightarrow q) \Leftrightarrow (q \Leftrightarrow p)$
1	1	1	1	1
1	0	0	0	1
0	1	0	0	1
0	0	1	1	1

⑥ Montrons que : $p \text{ et } (q \text{ et } R) \Leftrightarrow (p \text{ et } q) \text{ et } R$:

p	q	R	q et R	p et (q et R)	p et q	(p et q) et R	p et (q et R) ⇔ (p et q) et R
1	1	1					
1	1	0					
1	0	0					
0	1	1					
⋮	⋮	⋮					

FIGURE 2.18 – LOIS LOGIQUES - SOLUTION

Chapitre 3

RAISONNEMENTS MATHÉMATIQUES

3.1 RAISONNEMENTS MATHÉMATIQUES

FIGURE 3.1 – George Polyá
"Les mathématiques consistent à prouver une chose évidente par des moyens complexes."

Le raisonnement mathématique fait appel à des règles d'inférence et de déduction faisant intervenir des définitions, des énoncés admis comme prémisses, des lois ou propriétés, des résultats préalablement obtenus également par raisonnement, dans le but de démontrer des hypothèses ou des conjectures.

Dans son processus, le raisonnement mathématique se distingue de l'intuition, de la prémonition, de la révélation, par exemple, dans le fait qu'il progresse uniquement par l'application de règles précises appliquées à des concepts abstraits dont les propriétés sont clairement énoncées (admises comme axiomes ou démontrées).

Exemple

Affirmer qu'il existe une infinité de nombres premiers, parce qu'on en trouve vraiment beaucoup, procède de l'intuition. En faire la démonstration (la preuve) procède du raisonnement mathématique. C'est ce qu'Euclide a démontré dans la proposition 20 du Livre IX de ses Éléments. D'autres mathématiciens, tel Leonhard Euler, ont aussi fait la démonstration de l'infinité de l'ensemble des nombres premiers.

3.1.1 CONTRA-POSÉE

La contraposition (ou modus tollens) est un raisonnement logique basé sur la négation du conséquent d'une implication. C'est-à-dire que puisque la cause d'une implication engendre la conséquence, alors l'absence de la conséquence implique automatiquement l'absence de la cause.

La contraposition est équivalente à une implication dont elle est considérée comme une règle dérivée. Ainsi :

Définition

En logique booléenne, proposition équivalente à une conditionnelle $P \Rightarrow Q$ et définie par la conditionnelle $\neg Q \Rightarrow \neg P$.

Exemple

En logique, la contraposition est un type de raisonnement consistant à affirmer l'implication « si non B alors non A » à partir de l'implication « si A alors B ». L'implication « si non B alors non A » est appelée contraposée de « si A alors B ».

Par exemple, la proposition contraposée de la proposition « s'il pleut, alors le sol est mouillé » est « si le sol n'est pas mouillé, alors il ne pleut pas ».

Par exemple, la proposition contraposée de la proposition « si n est un multiple de 9, alors n n'est pas premier » est « si n est premier, alors n n'est pas un multiple de 9 ».

Remarque

Il faut bien distinguer la contraposée de la réciproque : la réciproque de " A implique B " est " B implique A ". Le fait que l'une soit vraie ne dit rien sur l'autre à moins qu'on ait montré, par ailleurs, qu'il existe une équivalence entre A et B (" A si et seulement si B ") auquel cas, l'implication et la réciproque sont toutes deux vraies. Ainsi, même si l'implication "s'il pleut, alors le sol est mouillé" est vraie, on ne peut pas rien dire sa réciproque ("si le sol est mouillé, alors il pleut").

Il ne faut pas confondre non plus la contraposition avec la négation de l'antécédent " non-A implique non-B " ("s'il ne pleut pas, alors le sol n'est pas mouillé") qui, elle, n'est pas équivalente à l'implication. Utiliser la négation de l'antécédent conduit à un raisonnement faux ou sophisme. En effet, dans notre exemple le sol peut avoir été mouillé par autre chose et donc ce n'est pas parce qu'il ne pleut pas que le sol n'est pas mouillé.

Exemple

L'équivalence entre implication et contraposition est fréquemment utilisée en logique, au même titre que les identités remarquables en algèbre.

Les deux propositions sont équivalentes logiquement mais elles n'ont pas le même rôle dans une démonstration.

Ainsi, je prends pour exemple le théorème " si un quadrilatère est un rectangle alors il est un parallélogramme ". Il sert à démontrer qu'un rectangle a toutes les propriétés du parallélogramme (côtés opposés parallèles et de même longueur, ...).

Sa contraposée, " si un quadrilatère n'est pas un parallélogramme alors il n'est pas un rectangle " sert à démontrer qu'un quadrilatère ne vérifiant pas une des propriété caractéristique du parallélogramme alors il ne peut pas être un rectangle.

Comme on l'a dit plus haut, bien que la contraposée d'un théorème vrai est aussi vraie, sa réciproque peut être fausse : " si un quadrilatère est un parallélogramme alors il est un rectangle " est faux.

Exercice :

Montrer que : $(\forall n \in \mathbb{N})$; n^2 pair $\Rightarrow$ n pair

Solution :

soit $n \in \mathbb{N}$;

Montrons que : n impair $\Rightarrow$ n^2 impair

on a : n impair $\Rightarrow n = 2k+1$ / $k \in \mathbb{N}$

$\Rightarrow n^2 = (2k+1)^2$

$\Rightarrow n^2 = (2k)^2 + 2(2k).1 + 1$

$\Rightarrow n^2 = 4k^2 + 4k + 1$

$\Rightarrow n^2 = 2(2k^2 + 2k) + 1$

$\Rightarrow n^2 = 2k' + 1$ / $k' = 2k^2 + 2k$

$\Rightarrow n^2$ impair

Donc : $(\forall n \in \mathbb{N})$; n^2 pair $\Rightarrow$ n pair

FIGURE 3.2 – CONTRAPOSEE - EXERCICE 01

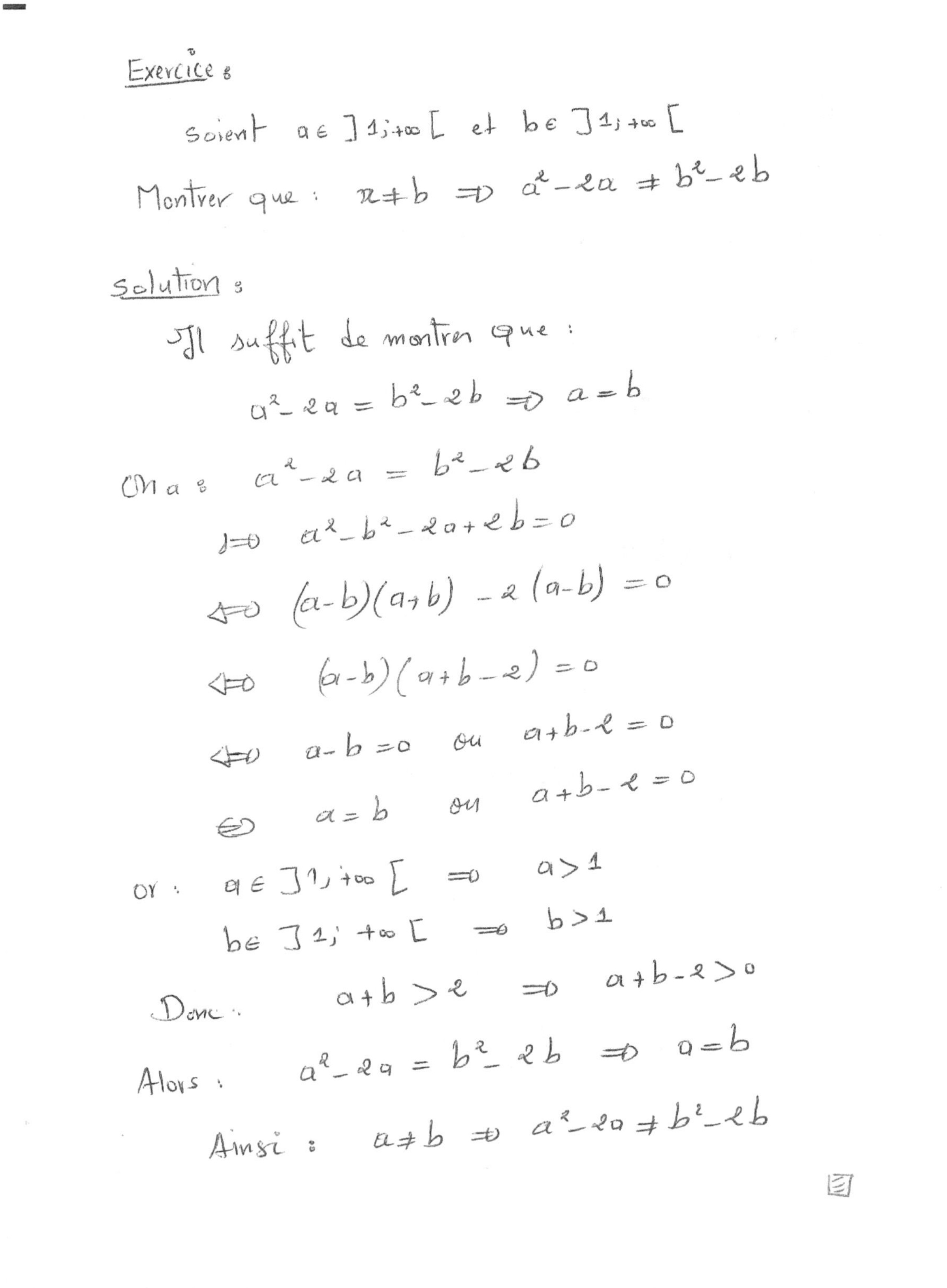

Exercice :

Soient $a \in]1;+\infty[$ et $b \in]1;+\infty[$

Montrer que : $x \neq b \Rightarrow a^2-2a \neq b^2-2b$

Solution :

Il suffit de montrer que :

$$a^2-2a=b^2-2b \Rightarrow a=b$$

On a : $a^2-2a=b^2-2b$

$\Leftrightarrow a^2-b^2-2a+2b=0$

$\Leftrightarrow (a-b)(a+b)-2(a-b)=0$

$\Leftrightarrow (a-b)(a+b-2)=0$

$\Leftrightarrow a-b=0$ ou $a+b-2=0$

$\Leftrightarrow a=b$ ou $a+b-2=0$

Or : $a \in]1,+\infty[\Rightarrow a>1$

$b \in]1;+\infty[\Rightarrow b>1$

Donc : $a+b>2 \Rightarrow a+b-2>0$

Alors : $a^2-2a=b^2-2b \Rightarrow a=b$

Ainsi : $a \neq b \Rightarrow a^2-2a \neq b^2-2b$

FIGURE 3.3 – CONTRAPOSEE - EXERCICE 02

Exercice :

Montrer que :

$\forall (a,b) \in \mathbb{R}^2 : a^2 + b^2 = 0 \Rightarrow a = 0$ et $b = 0$

Solution :

On a : $a^2 + b^2 = 0 \Rightarrow a^2 = -b^2$

On a : $\forall a \in \mathbb{R} : a^2 \geqslant 0$

et $\forall b \in \mathbb{R} : b^2 \geqslant 0 \Rightarrow -b^2 \leqslant 0$

Alors : $\forall a \in \mathbb{R} ; a^2 = -b^2 \leqslant 0$

Ainsi : $\forall a \in \mathbb{R} ; a^2 \geqslant 0$ et $a^2 \leqslant 0$

Donc : $\forall a \in \mathbb{R} : a^2 = 0 \Rightarrow a = 0$

puisque : $b^2 = -a^2$
$= 0 \Rightarrow b = 0$

D'où : $a = 0$ et $b = 0$

finalement : $\forall (a,b) \in \mathbb{R}^2 : a^2 + b^2 = 0 \Rightarrow$
$a = 0$ et $b = 0$

FIGURE 3.4 – CONTRAPOSEE - EXERCICE 03

Exercice :

Montrer que :

$$(\forall x \in [2; +\infty[)(\forall y \in [3; +\infty[) :$$

$$(x \neq 11 \text{ ou } y \neq 28) \Rightarrow x + y - 6\sqrt{x-2} - 10\sqrt{y-3} + 29 \neq 0$$

Solution :

Soit $x \in [2; +\infty[$ et $y \in [3; +\infty[$

Par contraposée, montrons que :

$$x + y - 6\sqrt{x-2} - 10\sqrt{y-3} + 29 = 0 \Rightarrow (x = 11 \text{ et } y = 28)$$

On a : $x + y - 6\sqrt{x-2} - 10\sqrt{y-3} + 29 = 0$

$$\Rightarrow x - 2 + y - 3 - 6\sqrt{x-2} + 9 - 10\sqrt{y-3} + 25 = 0$$

$$\Rightarrow (x - 2 - 6\sqrt{x-2} + 9) + (y - 3 - 10\sqrt{y-3} + 25) = 0$$

$$\Rightarrow ((\sqrt{x-2})^2 - 6\sqrt{x-1} + 9) + ((\sqrt{y-3})^2 - 10\sqrt{y-3} + 25) = 0$$

$$\Rightarrow (\sqrt{x-2} - 3)^2 + (\sqrt{y-3} - 5)^2 = 0$$

$$\Rightarrow \sqrt{x-2} - 3 = 0 \quad \text{et} \quad \sqrt{y-3} - 5 = 0$$

$$\Rightarrow x - 2 = 9 \quad \text{et} \quad y - 3 = 25$$

$$\Rightarrow x = 11 \quad \text{et} \quad y = 28$$

FIGURE 3.5 – CONTRAPOSEE - EXERCICE 04

Exercice :

Soit $a \in \mathbb{R}$;

Montrer que : $\left[(\forall \varepsilon > 0) \cdot |a| < \varepsilon \right] \Rightarrow a = 0$

Solution :

Soit $a \in \mathbb{R}$;

Montrons que : $\left[(\forall \varepsilon > 0) : |a| < \varepsilon \right] \Rightarrow a = 0$

Par contraposée, en prouvant que :

$a \neq 0 \Rightarrow \left((\exists \varepsilon > 0) ; |a| \geq \varepsilon \right)$

Comme $a \neq 0$, alors $\varepsilon = \frac{|a|}{2}$ convient

et répond à la question.

i.e : $|a| \geq \varepsilon \Leftrightarrow |a| \geq \frac{|a|}{2}$

$\Leftrightarrow 1 \geq \frac{1}{2}$

Donc, $\left((\forall \varepsilon > 0), |a| < \varepsilon \right) \Rightarrow a = 0$

FIGURE 3.6 – CONTRAPOSEE - EXERCICE 05

Exercice :

Soit $(a;b;c) \in (\mathbb{R}_+^*)^3$

Montrer que : $a^2+b^2+c^2 < 2 \Rightarrow \frac{1}{a}+\frac{1}{b}-\frac{1}{c} \neq \frac{1}{abc}$

Solution :

Soit $(a,b;c) \in (\mathbb{R}_+^*)^3$

Par contraposée, il suffit de montrer que :

$$\frac{1}{a}+\frac{1}{b}-\frac{1}{c} = \frac{1}{abc} \Rightarrow a^2+b^2+c^2 \geq 2$$

On a : $\frac{1}{a}+\frac{1}{b}-\frac{1}{c} = \frac{1}{abc}$

$$\Rightarrow \frac{bc+ac-ab}{abc} = \frac{1}{abc}$$

$$\Rightarrow bc+ac-ab = 1$$

Or, $(a+b-c)^2 = a^2+b^2+c^2+2ab-2ac-2bc$

$$= a^2+b^2+c^2-2(bc+ac-ab)$$

Donc : $(a+b-c)^2 = a^2+b^2+c^2-2$

Comme : $(a+b-c)^2 \geq 0 \Leftrightarrow a^2+b^2+c^2-2 \geq 0$

$$\Leftrightarrow a^2+b^2+c^2 \geq 2$$

FIGURE 3.7 – CONTRAPOSEE - EXERCICE 06

Exercice 8

Montrer par la contraposée que :

$$(\forall x \in \mathbb{R}) ; \quad x \neq 0 \Rightarrow \sqrt{1+x} \neq 1 + \frac{x}{2}$$

Solution 8

Montrons que : $(\exists x \in \mathbb{R}) ; \quad \sqrt{1+x} = 1 + \frac{x}{2} \Rightarrow x = 0$

On a : $\sqrt{1+x} = 1 + \frac{x}{2}$

$$\Rightarrow \left(\sqrt{1+x}\right)^2 = \left(1 + \frac{x}{2}\right)^2$$

$$\Rightarrow |1+x| = \left(1 + \frac{x}{2}\right)^2$$

$$\Rightarrow 1 + x = 1 + x + \frac{x^2}{4}$$

$$\Rightarrow \cancel{1} + \cancel{x} - \cancel{1} - \cancel{x} - \frac{x^2}{4} = 0$$

$$\Rightarrow -\frac{x^2}{4} = 0$$

$$\Rightarrow -x^2 = 0$$

$$\Rightarrow x^2 = 0$$

$$\Rightarrow x = 0$$

Donc : $(\forall x \in \mathbb{R}) , \quad x \neq 0 \Rightarrow \sqrt{1+x} \neq 1 + \frac{x}{2}$

FIGURE 3.8 – CONTRAPOSEE - EXERCICE 07

Exercice 8

Montrer que : $\forall (x;y) \in \mathbb{R}^2$:

$$x \neq 1 \quad \text{et} \quad y \neq 1 \quad \Rightarrow \quad x + y - xy \neq 1$$

Solution 8

Montrons que : $\exists (x;y) \in \mathbb{R}^2$:

$$x + y - xy = 1 \quad \Rightarrow \quad x = 1 \quad \text{ou} \quad y = 1$$

On a : $x + y - xy = 1$

$$\Rightarrow \quad x - 1 + y - xy = 0$$

$$\Rightarrow \quad (x-1) + y(1-x) = 0$$

$$\Rightarrow \quad (x-1) - y(x-1) = 0$$

$$\Rightarrow \quad (x-1)(1-y) = 0$$

$$\Rightarrow \quad x - 1 = 0 \quad \text{ou} \quad 1 - y = 0$$

$$\Rightarrow \quad x = 1 \quad \text{ou} \quad y = 1$$

Donc : $\forall (x;y) \in \mathbb{R}^2$:

$$x \neq 1 \quad \text{et} \quad y \neq 1 \quad \Rightarrow \quad x + y - xy \neq 1$$

FIGURE 3.9 – CONTRAPOSEE - EXERCICE 08

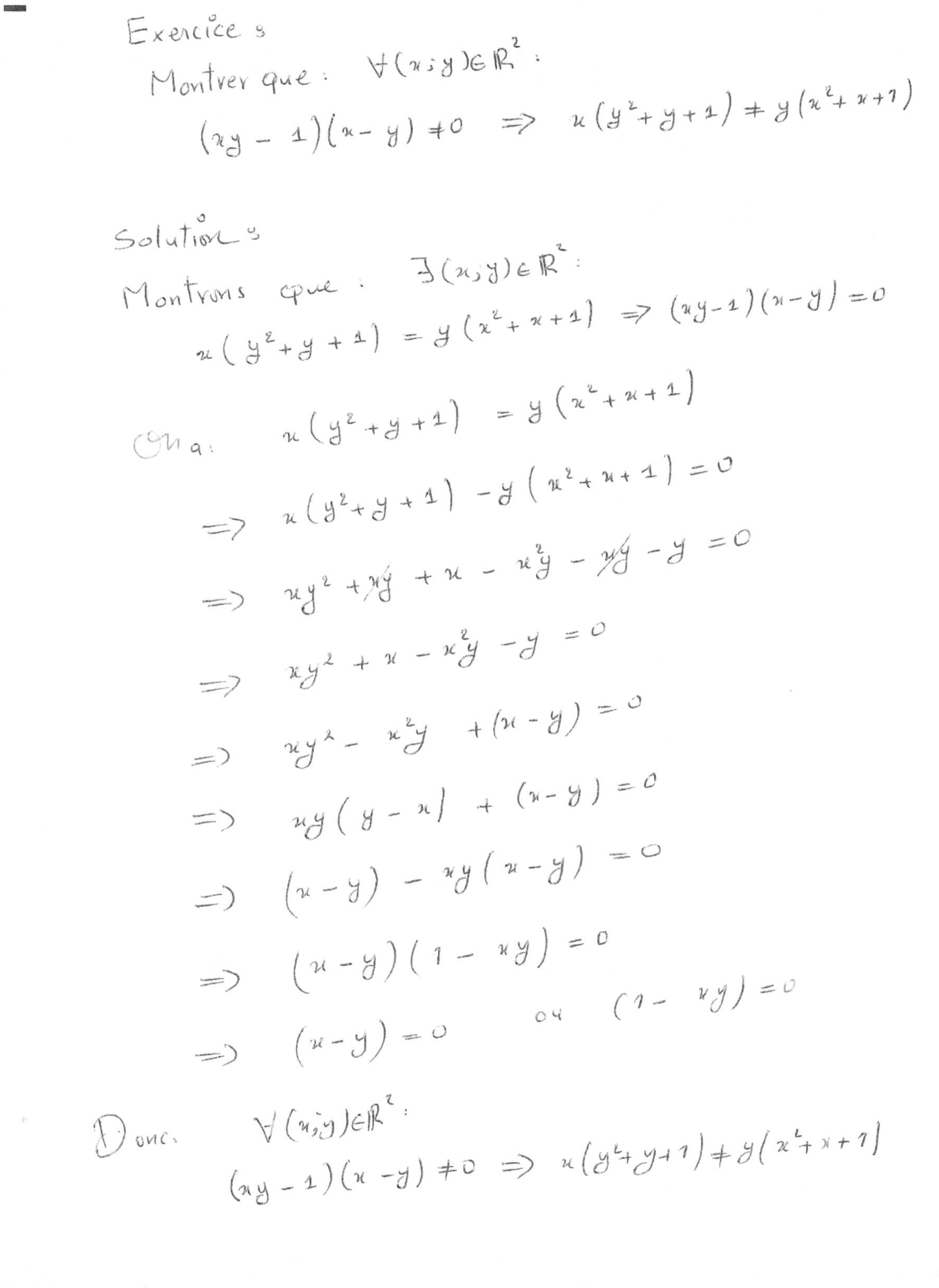

Exercice :

Montrer que : $\forall (x;y) \in \mathbb{R}^2$:

$$(xy - 1)(x - y) \neq 0 \Rightarrow x(y^2 + y + 1) \neq y(x^2 + x + 1)$$

Solution :

Montrons que : $\exists (x;y) \in \mathbb{R}^2$:

$$x(y^2 + y + 1) = y(x^2 + x + 1) \Rightarrow (xy - 1)(x - y) = 0$$

On a : $x(y^2 + y + 1) = y(x^2 + x + 1)$

$$\Rightarrow x(y^2 + y + 1) - y(x^2 + x + 1) = 0$$

$$\Rightarrow xy^2 + \cancel{xy} + x - x^2y - \cancel{xy} - y = 0$$

$$\Rightarrow xy^2 + x - x^2y - y = 0$$

$$\Rightarrow xy^2 - x^2y + (x - y) = 0$$

$$\Rightarrow xy(y - x) + (x - y) = 0$$

$$\Rightarrow (x - y) - xy(x - y) = 0$$

$$\Rightarrow (x - y)(1 - xy) = 0$$

$$\Rightarrow (x - y) = 0 \quad \text{ou} \quad (1 - xy) = 0$$

Donc $\forall (x;y) \in \mathbb{R}^2$:

$$(xy - 1)(x - y) \neq 0 \Rightarrow x(y^2 + y + 1) \neq y(x^2 + x + 1)$$

FIGURE 3.10 – CONTRAPOSEE - EXERCICE 09

Exercice :

Montrer que : $\forall (x;y) \in \mathbb{R}^2$:

$$x \neq y \Rightarrow x^3 + 4x \neq y^3 + 4y$$

Solution :

Montrons que : $\exists (x;y) \in \mathbb{R}^2$:

$$x^3 + 4x = y^3 + 4y \Rightarrow x = y$$

On a : $x^3 + 4x = y^3 + 4y$

$$\Rightarrow x^3 - y^3 + 4x - 4y = 0$$

$$\Rightarrow (x-y)(x^2 + xy + y^2) + 4(x-y) = 0$$

$$\Rightarrow (x-y)(x^2 + xy + y^2 + 4) = 0$$

$$\Rightarrow x - y = 0 \quad \text{ou} \quad x^2 + xy + y^2 + 4 = 0$$

$$\Rightarrow x = y \quad \text{ou} \quad x^2 + xy + y^2 + 4 = 0$$

On a : $\forall (x;y) \in \mathbb{R}^2 : x^2 + xy + y^2 + 4 > 0$

Donc : $x^3 + 4x = y^3 + 4y \Rightarrow x = y$

D'où : $\forall (x;y) \in \mathbb{R}^2$:

$$x \neq y \Rightarrow x^3 + 4x \neq y^3 + 4y.$$

FIGURE 3.11 – CONTRAPOSEE - EXERCICE 10

3.1.2 DISJONCTION DES CAS

Un raisonnement disjonctif ou syllogisme disjonctif est un raisonnement dont l'une des prémisses affirme une disjonction exclusive, une alternative entre deux propositions. L'autre prémisse affirme ou réfute la vérité d'une des deux propositions. La conclusion réfute ou affirme la vérité de l'autre.

Principe

Pour prouver qu'une proposition est vraie sur un ensemble E, on peut montrer qu'elle est vraie sur des sous-ensembles A et B disjoints de E, dont la réunion est $A \cup B = E$

Le raisonnement par disjonction de cas consiste donc à séparer différents cas.

Pour prouver qu'une affirmation P est vraie, il est parfois nécessaire de tester si l'affirmation est vraie lorsque l'on différencie les cas.

Exemple 1

A ou B est vraie,

Or A est fausse,

Donc B est vraie.

Ce raisonnement est valide.

Exemple 2

A ou B est vraie,

Or A est vraie,

Donc B est fausse.

Si la disjonction est exclusive, le raisonnement est valide. En effet, si A est vraie, B est nécessairement fausse pour que A ou B soit vraie. Mais si la disjonction ou n'est pas exclusive, le raisonnement n'est pas valide. En effet, le fait que A soit vraie, n'empêche pas B d'être vraie pour que A ou B soit vraie.

En outre, ce raisonnement n'est valide que s'il n'y a pas d'autres possibilités que A ou B et que le lien entre le principe et la conséquence ne soit pas discutable.

Le dilemme est un raisonnement disjonctif dont la particularité est que chacune des deux propositions aboutit à la même conséquence.

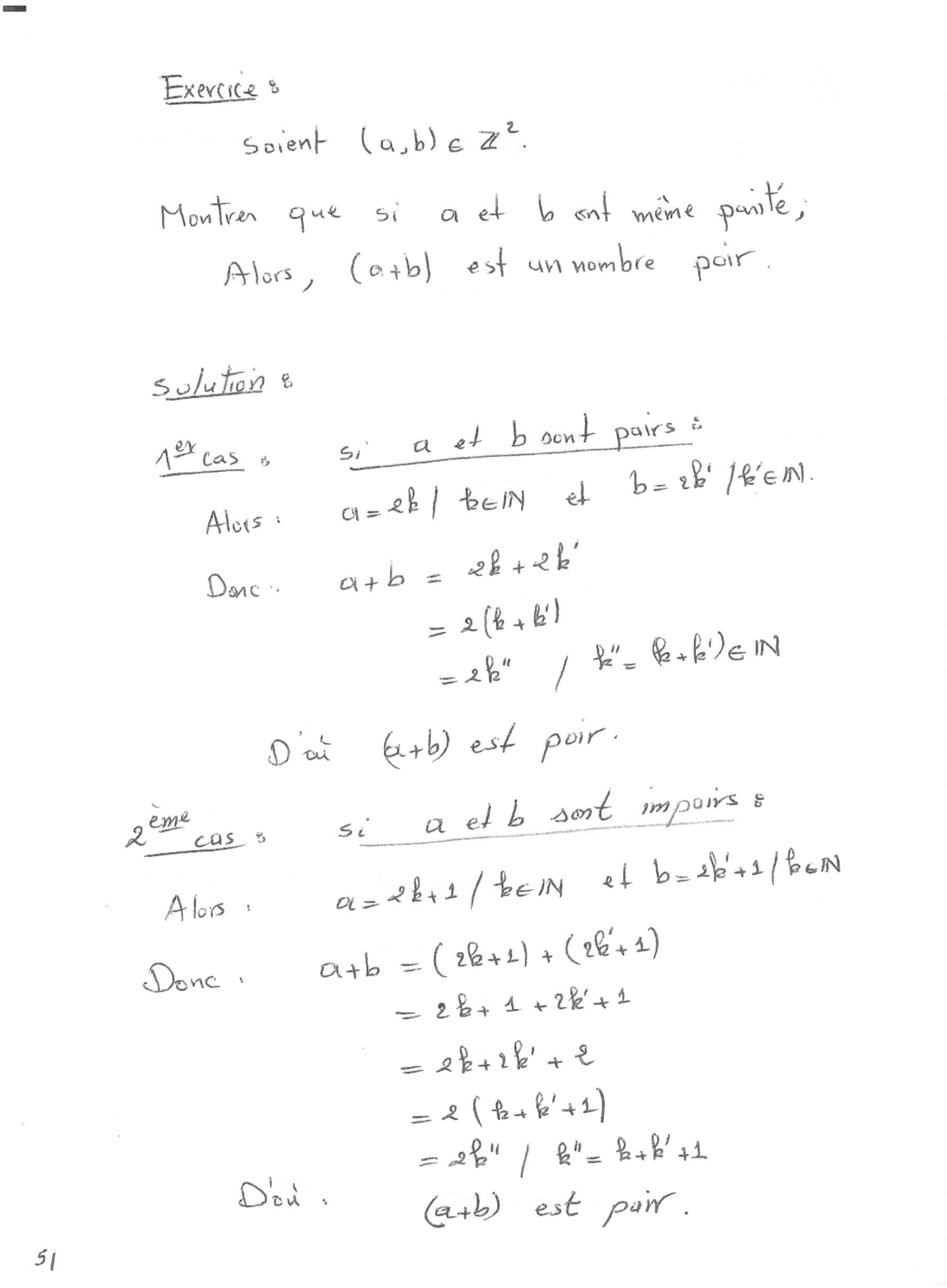

Exercice :

Soient $(a,b) \in \mathbb{Z}^2$.

Montrer que si a et b ont même parité ; Alors, $(a+b)$ est un nombre pair.

Solution :

1er cas : si a et b sont pairs :

Alors : $a = 2k \,/\, k \in \mathbb{N}$ et $b = 2k' \,/\, k' \in \mathbb{N}$.

Donc :
$$\begin{aligned} a+b &= 2k + 2k' \\ &= 2(k+k') \\ &= 2k'' \,/\, k'' = (k+k') \in \mathbb{N} \end{aligned}$$

D'où $(a+b)$ est pair.

2ème cas : si a et b sont impairs :

Alors : $a = 2k+1 \,/\, k \in \mathbb{N}$ et $b = 2k'+1 \,/\, k \in \mathbb{N}$

Donc :
$$\begin{aligned} a+b &= (2k+1) + (2k'+1) \\ &= 2k + 1 + 2k' + 1 \\ &= 2k + 2k' + 2 \\ &= 2(k + k' + 1) \\ &= 2k'' \,/\, k'' = k + k' + 1 \end{aligned}$$

D'où : $(a+b)$ est pair.

51

FIGURE 3.12 – DISJONCTION DES CAS - EXERCICE 01

Exercice :

Résoudre dans $\mathbb{R}$ les équations suivantes :

① $3|x-1| + x - 5 = 0$

② $|x-1| + |x| = 2$

Correction :

① $3|x-1| + x - 5 = 0$

On a : $|x-1| = \begin{cases} x-1 \; ; & x-1 \geq 0 \\ 1-x \; ; & x-1 \leq 0 \end{cases}$

$= \begin{cases} x-1 \; ; & x \geq 1 \\ 1-x \; ; & x \leq 1 \end{cases}$

1er cas : Si $x \geq 1 \iff x \in [1, +\infty[$

On a : $3|x-1| + x - 5 = 0 \iff 3(x-1) + x - 5 = 0$

$\iff 3x - 3 + x - 5 = 0$

$\iff 4x - 8 = 0$

$\iff 4x = 8$

$\iff x = \frac{8}{4}$

$\iff x = 2$

Or : $2 \in [1, +\infty[\implies S_1 = \{2\}$

61

FIGURE 3.13 – DISJONCTION DES CAS - EXERCICE 02

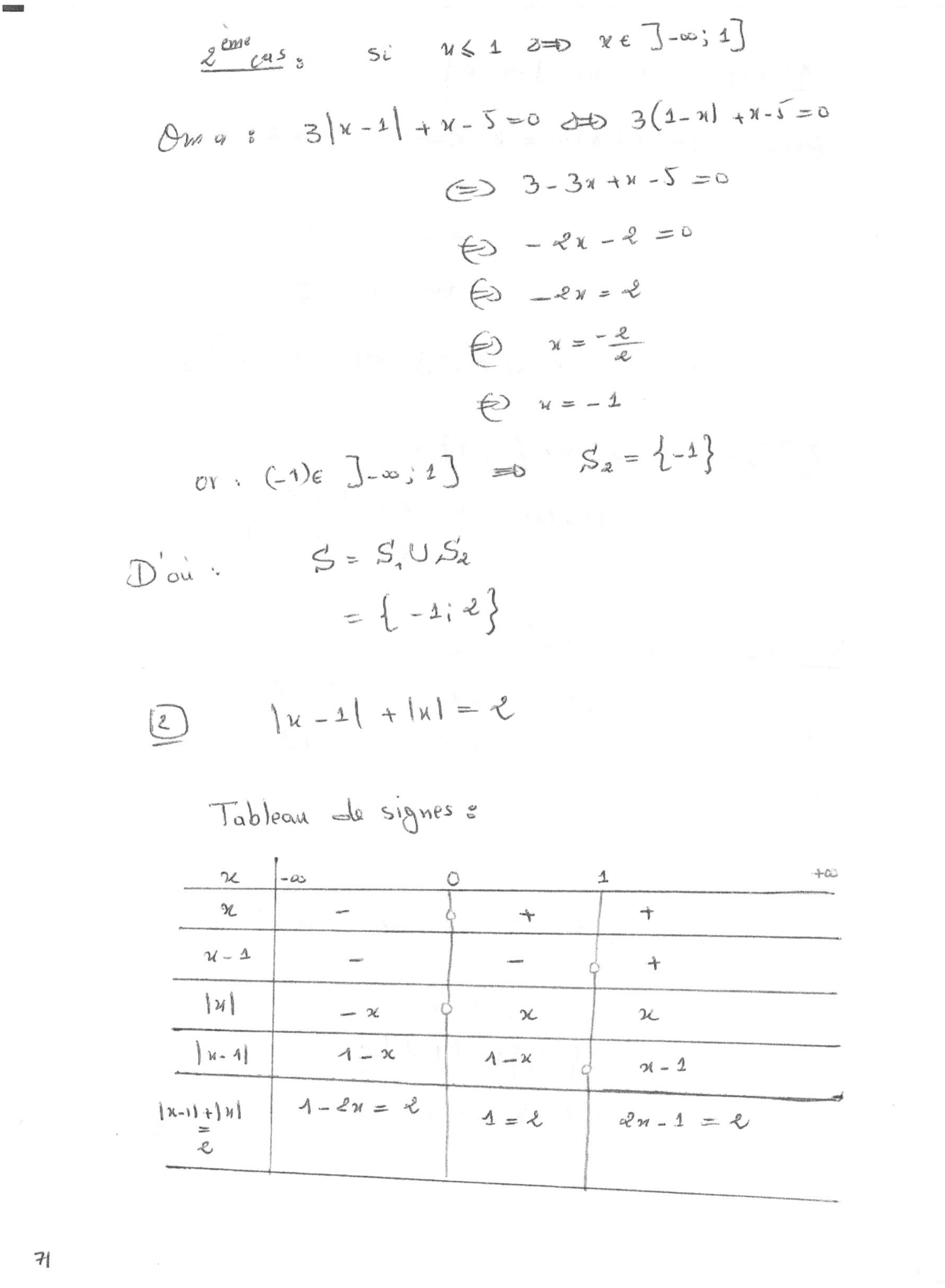

2ème cas : si $x \leq 1 \Rightarrow x \in]-\infty; 1]$

On a : $3|x-1| + x - 5 = 0 \Leftrightarrow 3(1-x) + x - 5 = 0$

$\Leftrightarrow 3 - 3x + x - 5 = 0$

$\Leftrightarrow -2x - 2 = 0$

$\Leftrightarrow -2x = 2$

$\Leftrightarrow x = -\frac{2}{2}$

$\Leftrightarrow x = -1$

or : $(-1) \in]-\infty; 1] \Rightarrow S_2 = \{-1\}$

D'où : $S = S_1 \cup S_2$

$= \{-1; 2\}$

(2) $|x-1| + |x| = 2$

Tableau de signes :

x	$-\infty$		0		1		$+\infty$
x		$-$	0	$+$		$+$	
$x-1$		$-$		$-$	0	$+$	
$\lvert x\rvert$		$-x$	0	x		x	
$\lvert x-1\rvert$		$1-x$		$1-x$	0	$x-1$	
$\lvert x-1\rvert + \lvert x\rvert = 2$		$1-2x = 2$		$1 = 2$		$2x-1 = 2$	

71

FIGURE 3.14 – DISJONCTION DES CAS - EXERCICE 03

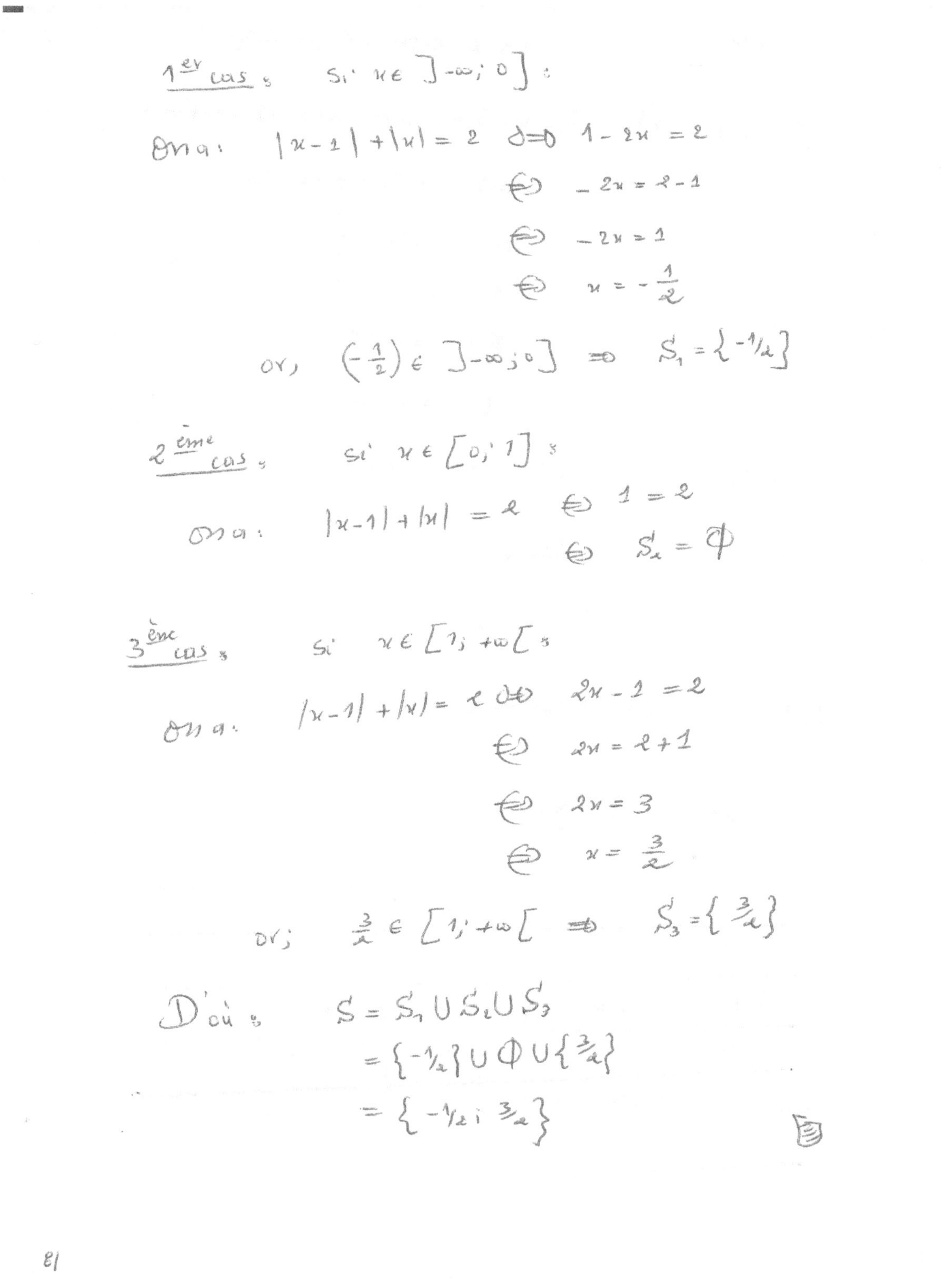

1er cas : Si $x \in]-\infty ; 0]$:

On a : $|x-1|+|x| = 2 \Leftrightarrow 1-2x = 2$

$\Leftrightarrow -2x = 2-1$

$\Leftrightarrow -2x = 1$

$\Leftrightarrow x = -\frac{1}{2}$

or, $\left(-\frac{1}{2}\right) \in]-\infty ; 0] \Rightarrow S_1 = \{-1/2\}$

2ème cas : si $x \in [0 ; 1]$:

On a : $|x-1|+|x| = 2 \Leftrightarrow 1 = 2$

$\Leftrightarrow S_2 = \Phi$

3ème cas : Si $x \in [1 ; +\infty[$:

On a : $|x-1|+|x| = 2 \Leftrightarrow 2x-1 = 2$

$\Leftrightarrow 2x = 2+1$

$\Leftrightarrow 2x = 3$

$\Leftrightarrow x = \frac{3}{2}$

or ; $\frac{3}{2} \in [1 ; +\infty[\Rightarrow S_3 = \{3/2\}$

D'où : $S = S_1 \cup S_2 \cup S_3$

$= \{-1/2\} \cup \Phi \cup \{3/2\}$

$= \{-1/2 ; 3/2\}$

81

FIGURE 3.15 – DISJONCTION DES CAS - EXERCICE 04

Exercice :

Montrer que : $(\forall x \in \mathbb{R}) : x^2 - x + 1 \geq |x-1|$

Solution :

soit $x \in \mathbb{R}$:

1er cas : si $x \geq 1 \Leftrightarrow x \in [1; +\infty[$

On a : $|x-1| = x-1$

Donc : $x^2 - x + 1 - |x-1| = x^2 - x + 1 - (x-1)$

$= x^2 - x + 1 - x + 1$

$= x^2 - 2x + 2$

$= x^2 - 2x + 1 + 1$

$= (x-1)^2 + 1$

or : $\forall x \in \mathbb{R}$; $(x-1)^2 \geq 0 \Leftrightarrow (x-1)^2 + 1 > 0$

Donc : $x^2 - x + 1 - |x-1| \geq 0$

D'où : $x^2 - x + 1 \geq |x-1|$

2ème cas : si $x \leq 1 \Leftrightarrow x \in]-\infty; 1]$

On a : $|x-1| = 1 - x$

91

FIGURE 3.16 – DISJONCTION DES CAS - EXERCICE 05

Donc : $x^2 - x + 1 - |x - 1|$

$= x^2 - x + 1 - (1 - x)$

$= x^2 - x + 1 - 1 + x$

$= x^2$

Or : $\forall x \in \mathbb{R}$; $x^2 \geq 0$

Alors : $x^2 - x + 1 - |x - 1| \geq 0$

Donc : $x^2 - x + 1 \geq |x - 1|$

D'où : $(\forall x \in \mathbb{R})$: $x^2 - x + 1 \geq |x - 1|$

Exercice :

Montrer que : $(\forall x \in \mathbb{R})$: $\sqrt{3x^2 + 1} + x > 0$

Solution :

1er cas : si $x \geq 0$:

On a : $x > 0$ et $3x^2 + 1 > 0$

Donc : $\sqrt{3x^2 + 1} + x > 0$

2ème cas : si $x < 0$:

On a : $x < 0$ et $\sqrt{3x^2 + 1} > 0$

FIGURE 3.17 – DISJONCTION DES CAS - EXERCICE 06

Or, $\sqrt{3x^2+1}+x = \dfrac{(\sqrt{3x^2+1}+x)(\sqrt{3x^2+1}-x)}{(\sqrt{3x^2+1}-x)}$

$$= \frac{(\sqrt{3x^2+1})^2 - x^2}{\sqrt{3x^2+1}-x}$$

$$= \frac{3x^2+1-x^2}{\sqrt{3x^2+1}-x}$$

$$= \frac{2x^2+1}{\sqrt{3x^2+1}-x}$$

On a : $\forall x \in \mathbb{R}$; $2x^2+1>0$ et $\sqrt{3x^2+1}>0$

et $x \leq 0 \Leftrightarrow -x \geq 0$

$\Leftrightarrow \sqrt{3x^2+1}-x>0$

$\Leftrightarrow \sqrt{3x^2+1}+x>0$; $(\forall x \in \mathbb{R})$

D'où : $(\forall x \in \mathbb{R})$: $\sqrt{3x^2+1}+x>0$.

FIGURE 3.18 – DISJONCTION DES CAS - EXERCICE 07

Exercice 8

Soient $a, b \geq 0$. Montrer que :

si ; $\frac{a}{1+b} = \frac{b}{1+a}$ alors $a = b$

Solution :

En supposant que : $\frac{a}{1+b} = \frac{b}{1+a}$ et $a \neq b$

Comme : $\frac{a}{1+b} = \frac{b}{1+a}$

$\Leftrightarrow a(1+a) = b(1+b)$

$\Leftrightarrow a + a^2 = b + b^2$

$\Leftrightarrow a^2 - b^2 = b - a$

$\Leftrightarrow (a-b)(a+b) + (a-b) = 0$

$\Leftrightarrow (a-b)(a+b+1) = 0$

$\Leftrightarrow a - b = 0$ ou $a+b+1 = 0$

$\Leftrightarrow a = b$ ou $a+b = -1$

Comme $a \neq b \Rightarrow a+b = -1$

donc : la somme des deux nombres positifs a et b ne peut être négative

Donc : nous obtenons une contradiction ∎

FIGURE 3.19 – DISJONCTION DES CAS - EXERCICE 08

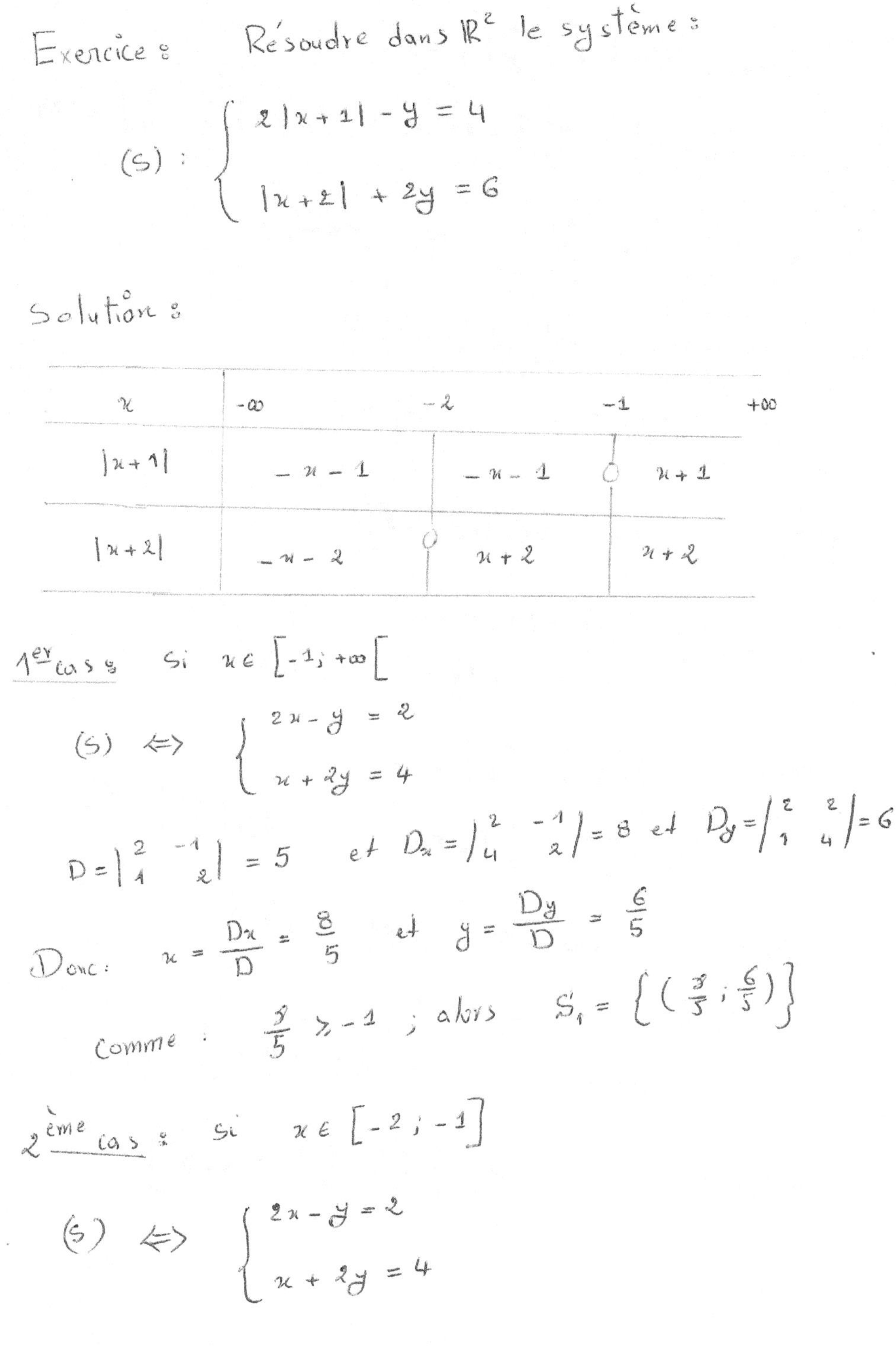

Exercice : Résoudre dans $\mathbb{R}^2$ le système :

$$(S) : \begin{cases} 2|x+1| - y = 4 \\ |x+2| + 2y = 6 \end{cases}$$

Solution :

x	$-\infty$	-2	-1	$+\infty$
$\lvert x+1\rvert$	$-x-1$	$-x-1$	0	$x+1$
$\lvert x+2\rvert$	$-x-2$	0	$x+2$	$x+2$

1er cas : si $x \in [-1; +\infty[$

$$(S) \Leftrightarrow \begin{cases} 2x - y = 2 \\ x + 2y = 4 \end{cases}$$

$D = \begin{vmatrix} 2 & -1 \\ 1 & 2 \end{vmatrix} = 5$ et $D_x = \begin{vmatrix} 2 & -1 \\ 4 & 2 \end{vmatrix} = 8$ et $D_y = \begin{vmatrix} 2 & 2 \\ 1 & 4 \end{vmatrix} = 6$

Donc : $x = \frac{D_x}{D} = \frac{8}{5}$ et $y = \frac{D_y}{D} = \frac{6}{5}$

Comme : $\frac{8}{5} \geq -1$; alors $S_1 = \left\{\left(\frac{8}{5}; \frac{6}{5}\right)\right\}$

2ème cas : si $x \in [-2; -1]$

$$(S) \Leftrightarrow \begin{cases} 2x - y = 2 \\ x + 2y = 4 \end{cases}$$

FIGURE 3.20 – DISJONCTION DES CAS - EXERCICE 09

On a : $D = \begin{vmatrix} -2 & -1 \\ 1 & 2 \end{vmatrix} = -3$

$D_x = \begin{vmatrix} 6 & -1 \\ 4 & 2 \end{vmatrix} = 16$ et $D_y = \begin{vmatrix} -2 & 2 \\ 1 & 4 \end{vmatrix} = -14$

Donc : $x = -\frac{16}{3}$ et $y = \frac{-14}{3}$

Comme : $-\frac{16}{3} \notin [-2 ; -1]$

Donc : $S_2 = \phi$

3ème cas : si $x \in]-\infty ; -2]$

$$(S) \Leftrightarrow \begin{cases} -2x - y = 6 \\ -x + 2y = 8 \end{cases}$$

On a : $D = \begin{vmatrix} -2 & -1 \\ -1 & 2 \end{vmatrix} = -5$

et $D_x = \begin{vmatrix} 6 & -1 \\ 8 & 2 \end{vmatrix} = 20$ et $D_y = \begin{vmatrix} -2 & 6 \\ -1 & 8 \end{vmatrix} = -10$

Donc : $x = -4$ et $y = 2$

Comme : $-4 \leq -2$

Alors : $S_3 = \{(-4 ; 2)\}$

Conclusion : $S = \left\{ \left(\frac{8}{5} ; \frac{6}{5}\right) ; (-4 ; 2) \right\}$

FIGURE 3.21 – DISJONCTION DES CAS - EXERCICE 10

Exercice :

Montrer que : pour tout $n \in \mathbb{N}$:

$$\frac{n(n+1)(n+2)}{3} \in \mathbb{N}$$

Solution :

Montrons que $(\forall n \in \mathbb{N})$: $\frac{n(n+1)(n+2)}{3} \in \mathbb{N}$

On va faire une étude des cas :

$n = 3k$ ou $n = 3k+1$ ou $n = 3k+2$ avec $k \in \mathbb{N}$.

1er cas : si $n = 3k$ / $k \in \mathbb{N}$

$$\frac{n(n+1)(n+2)}{3} = \frac{3k(3k+1)(3k+2)}{3} = k(3k+1)(3k+2)$$

Puisque $k \in \mathbb{N}$, alors $k(3k+1)(3k+2) \in \mathbb{N}$

Donc : $\frac{n(n+1)(n+2)}{3} \in \mathbb{N}$.

2ème cas : si $n = 3k+1$

$$\frac{n(n+1)(n+2)}{3} = \frac{(3k+1)(3k+2)(3k+3)}{3} = \frac{3(3k+1)(3k+2)(k+1)}{3}$$

$$= (3k+1)(3k+2)(k+1)$$

Puisque $k \in \mathbb{N}$, alors $(3k+1)(3k+2)(k+1) \in \mathbb{N}$

Donc : $\frac{n(n+1)(n+2)}{3} \in \mathbb{N}$.

FIGURE 3.22 – DISJONCTION DES CAS - EXERCICE 11

3ème cas : si $n = 3k + 2$ avec $k \in \mathbb{N}$

$$\frac{n(n+1)(n+2)}{3} = \frac{(3k+2)(3k+3)(3k+4)}{3}$$

$$= \frac{3(3k+2)(k+1)(3k+4)}{3}$$

$$= (3k+2)(k+1)(3k+4)$$

Puisque $k \in \mathbb{N}$; alors $(3k+2)(k+1)(3k+4) \in \mathbb{N}$.

Conclusion : $\forall n \in \mathbb{N}$; $\frac{n(n+1)(n+2)}{3} \in \mathbb{N}$

FIGURE 3.23 – DISJONCTION DES CAS - EXERCICE 12

Exercice :

Montrer que : $(\forall x \in \mathbb{R})$; $\sqrt{x^2+1} + x > 0$

Solution :

soit $x \in \mathbb{R}$;

1er cas : si $x \geq 0$

On a : $\forall x \in \mathbb{R}$; $x^2 \geq 0 \iff x^2 + 1 > 0$

$$\iff \sqrt{x^2+1} > 0$$

$$\iff \sqrt{x^2+1} + x > 0$$

2ème cas : si $x < 0$

On a : $$\sqrt{x^2+1} + x = \frac{(\sqrt{x^2+1} + x)(\sqrt{x^2+1} - x)}{(\sqrt{x^2+1} - x)}$$

$$= \frac{\sqrt{x^2+1}^2 - x^2}{\sqrt{x^2+1} - x}$$

$$= \frac{x^2 + 1 - x^2}{\sqrt{x^2+1} - x}$$

$$= \frac{1}{\sqrt{x^2+1} - x}$$

On a : $x < 0 \iff -x > 0$

$$\iff \sqrt{x^2+1} - x > 0$$

$$\iff \frac{1}{\sqrt{x^2+1} - x} > 0$$

Donc : $(\forall x \in \mathbb{R})$; $\sqrt{x^2+1} + x > 0$

FIGURE 3.24 – DISJONCTION DES CAS - EXERCICE 13

Exercice :

Montrer que : $(\forall x \in \mathbb{R})$; $\sqrt{2x^2 - 3x + 3} - x + 1 > 0$

Solution :

Soit $x \in \mathbb{R}$;

Etudions le signe de : $2x^2 - 3x + 3$

On a : $a = 2$; $b = -3$; $c = 3$

$$\Delta = (-3)^2 - 4 \times 2 \times 3$$
$$= 9 - 24$$
$$= -15$$

x	$-\infty$ $\qquad$ $+\infty$
$2x^2 - 3x + 3$	+

Donc : $\forall x \in \mathbb{R}$; $2x^2 - 3x + 3 \geq 0$

Donc : $\forall x \in \mathbb{R}$; $\sqrt{2x^2 - 3x + 3} \geq 0$

1er cas : si $x \leq 0$

On a : $x \leq 0 \iff -x \geq 0$

$\iff -x + 1 \geq 1$

$\iff -x + 1 > 0$

Donc : $\sqrt{2x^2 - 3x + 3} - x + 1 > 0$

FIGURE 3.25 – DISJONCTION DES CAS - EXERCICE 14

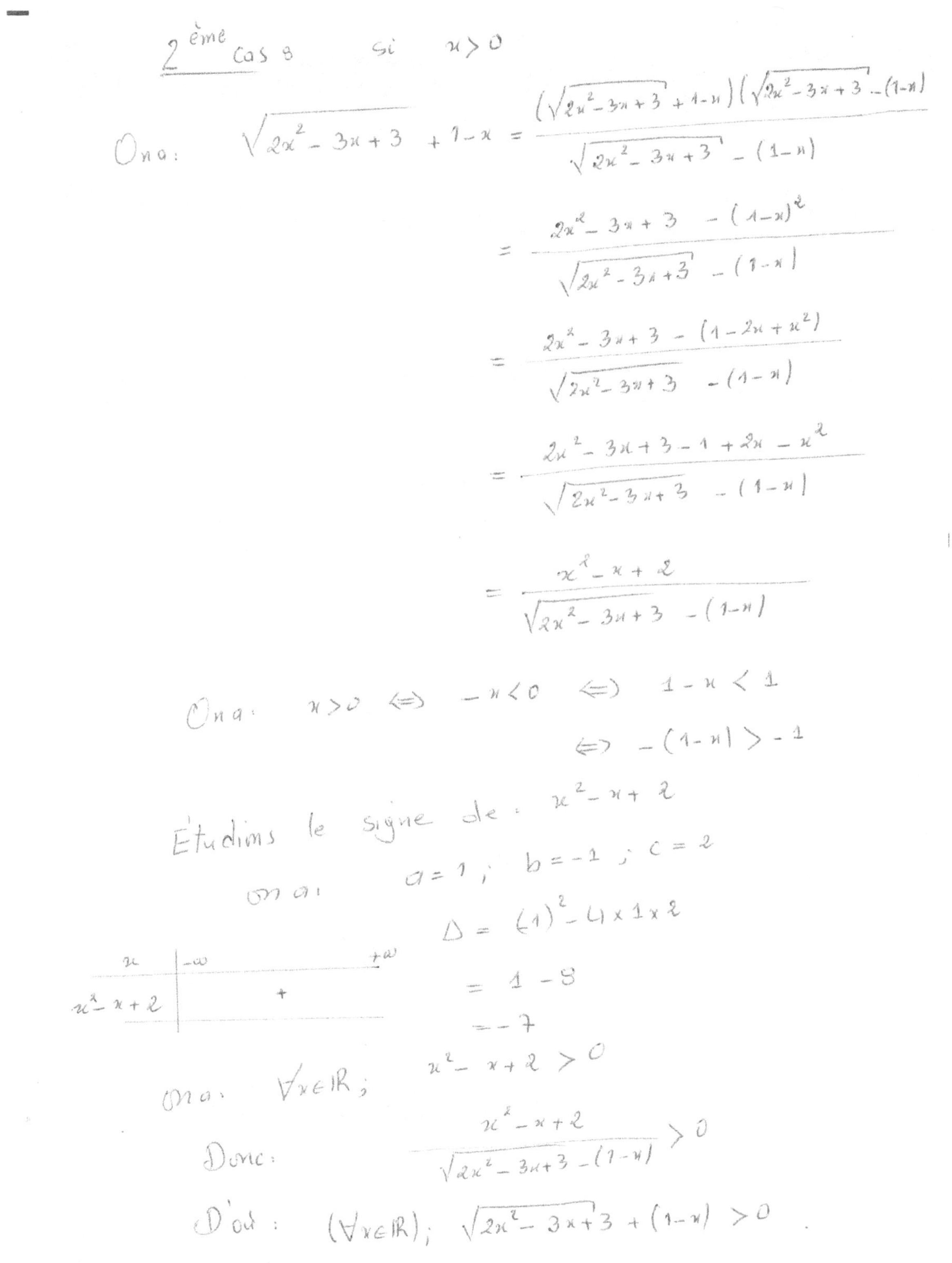

2ème cas : si $x > 0$

On a : $\sqrt{2x^2 - 3x + 3} + 1 - x = \dfrac{\left(\sqrt{2x^2-3x+3} + 1 - x\right)\left(\sqrt{2x^2-3x+3} - (1-x)\right)}{\sqrt{2x^2-3x+3} - (1-x)}$

$= \dfrac{2x^2 - 3x + 3 - (1-x)^2}{\sqrt{2x^2-3x+3} - (1-x)}$

$= \dfrac{2x^2 - 3x + 3 - (1 - 2x + x^2)}{\sqrt{2x^2-3x+3} - (1-x)}$

$= \dfrac{2x^2 - 3x + 3 - 1 + 2x - x^2}{\sqrt{2x^2-3x+3} - (1-x)}$

$= \dfrac{x^2 - x + 2}{\sqrt{2x^2-3x+3} - (1-x)}$

On a : $x > 0 \iff -x < 0 \iff 1 - x < 1$

$\iff -(1-x) > -1$

Étudions le signe de : $x^2 - x + 2$

On a : $a = 1$; $b = -1$; $c = 2$

$\Delta = (-1)^2 - 4 \times 1 \times 2$

$= 1 - 8$

$= -7$

x	$-\infty$ $+\infty$
$x^2 - x + 2$	$+$

On a : $\forall x \in \mathbb{R}$; $x^2 - x + 2 > 0$

Donc : $\dfrac{x^2 - x + 2}{\sqrt{2x^2-3x+3} - (1-x)} > 0$

D'où : $(\forall x \in \mathbb{R})$; $\sqrt{2x^2 - 3x + 3} + (1-x) > 0$.

FIGURE 3.26 – DISJONCTION DES CAS - EXERCICE 15

Exercice :

Montrer que : $(\forall n \in \mathbb{N})$: $n + n^2$ est pair.

Solution :

Soit $n \in \mathbb{N}$:

1er cas : si n est pair :

Donc : $n = 2k \ / \ k \in \mathbb{N}$

D'où :
$$
\begin{aligned}
n + n^2 &= 2k + (2k)^2 \\
&= 2k + 4k^2 \\
&= 2(k + 2k^2) \\
&= 2k' \ / \ k' = (k + 2k^2) \in \mathbb{N}
\end{aligned}
$$

Alors : $n + n^2$ est un nombre pair.

2ème cas : si n est impair :

Donc : $n = 2k + 1 \ / \ k \in \mathbb{N}$

Alors :
$$
\begin{aligned}
n + n^2 &= (2k+1) + (2k+1)^2 \\
&= 2k+1 + (4k^2 + 4k + 1) \\
&= 2k + 1 + 4k^2 + 4k + 1 \\
&= 4k^2 + 6k + 2 \\
&= 2(2k^2 + 3k + 1) \\
&= 2k' \ / \ k' = 2k^2 + 3k + 1
\end{aligned}
$$

Alors : $n + n^2$ est un nombre pair.

41

FIGURE 3.27 – DISJONCTION DES CAS - EXERCICE 16

3.1.3 IMPLICATION

L'implication logique est une construction moins intuitive que le "et logique" ou le "ou logique". Comme en plus on l'utilise tous les jours à chaque fois que l'on conduit un raisonnement (mathématique, philosophique, business) il n'est peut-être pas inutile de bien préciser les choses.

Principe

L'implication de Q par P est la proposition $(\neg P) \vee Q$, notée « $P \Rightarrow Q$ » ou « P implique Q » qui est fausse seulement si la proposition P est vraie et la proposition Q est fausse. L'implication est vraie dans tous les autres cas

Exemple

Soit les propositions « P : le quadrilatère ABCD est un carré » et « Q : le quadrilatère ABCD est un rectangle ».

On a alors l'implication logique « $P \Rightarrow Q$ » qui se lit de la façon suivante « si le quadrilatère ABCD est un carré, alors le quadrilatère ABCD est un rectangle ».

Remarque

Si P et Q sont 2 assertions (2 trucs vrais) alors, par définition, l'assertion "(Non P) ou Q" s'appelle l'assertion " $P \Rightarrow Q$" et on lit "P implique Q".

La proposition $P \Rightarrow Q$ se lit :

"P implique Q"

"si P alors Q"

Dès lors que P est vérifiée ((Non P) est donc faux), Q doit être vérifiée pour que la règle "(Non P) ou Q" soit vraie. Dit autrement, si P est vérifiée, Q doit être vérifiée pour que la règle "$P \Rightarrow Q$" soit respectée.

Dans la proposition P => Q on nomme

P l'antécédent

Q le conséquent

Dans la théorie des ensembles, l'implication se traduit par une inclusion. Le conséquent contient l'antécédent. Il faut comprendre que l'antécédent est une version plus précise, plus spécifique, plus spécialisée du conséquent

Exemple

P est l'ensemble des jolies filles

P est inclus dans Q qui est l'ensemble des filles

Toutes les jolies filles sont des filles

P est l'ensemble des personnes qui ont plus de 21 ans

P est inclus dans l'ensemble des gens qui ont plus de 18 ans (Q comprend ceux qui ont plus de 19 ans, 20 ans...)

Tous ceux qui ont plus de 21 ans ont bien plus de 18 ans

Exercice :

Soient $x \in \mathbb{R}^+$; $y \in \mathbb{R}^+$.

Montrer que : $x + y + 2 = 2\sqrt{x} + 2\sqrt{y} \Rightarrow x = y = 1$

Solution :

Soient : $x \geq 0$ et $y \geq 0$

On a : $x + y + 2 = 2\sqrt{x} + 2\sqrt{y}$

$\Rightarrow x + y + 2 - 2\sqrt{x} - 2\sqrt{y} = 0$

$\Rightarrow x - 2\sqrt{x} + y - 2\sqrt{y} + 2 = 0$

$\Rightarrow x - 2\sqrt{x} + 1 + y - 2\sqrt{y} + 1 = 0$

$\Rightarrow (\sqrt{x})^2 - 2\sqrt{x} + 1 + (\sqrt{y})^2 - 2\sqrt{y} + 1 = 0$

$\Rightarrow (\sqrt{x} - 1)^2 + (\sqrt{y} - 1)^2 = 0$

$\Rightarrow \sqrt{x} - 1 = 0$ et $\sqrt{y} - 1 = 0$

$\Rightarrow \sqrt{x} = 1$ et $\sqrt{y} = 1$

$\Rightarrow x = 1$ et $y = 1$

$\Rightarrow x = y = 1$

FIGURE 3.28 – IMPLICATION - EXERCICE 01

Exercice :

Montrer que :

$$\forall (a,b) \in \mathbb{Q}^2 \Rightarrow (a+b) \in \mathbb{Q}$$

solution :

Soient $a \in \mathbb{Q}$ et $b \in \mathbb{Q}$:

Donc : $a = \frac{p}{q} \ / \ p \in \mathbb{Z} \ ; \ q \in \mathbb{Z}^*$

$b = \frac{p'}{q'} \ / \ p' \in \mathbb{Z} \ ; \ q' \in \mathbb{Z}^*$

Alors : $a + b = \frac{p}{q} + \frac{p'}{q'}$

$= \frac{pq' + qp'}{qq'}$

$= \frac{p''}{q''} \ / \ p'' = pq' + qp'$ et $q'' = qq'$

D'où : $a + b = \frac{p''}{q''} \ / \ p'' \in \mathbb{Z} \ ; \ q'' \in \mathbb{Z}^*$

Ainsi : $(a+b) \in \mathbb{Q}$

FIGURE 3.29 – IMPLICATION - EXERCICE 02

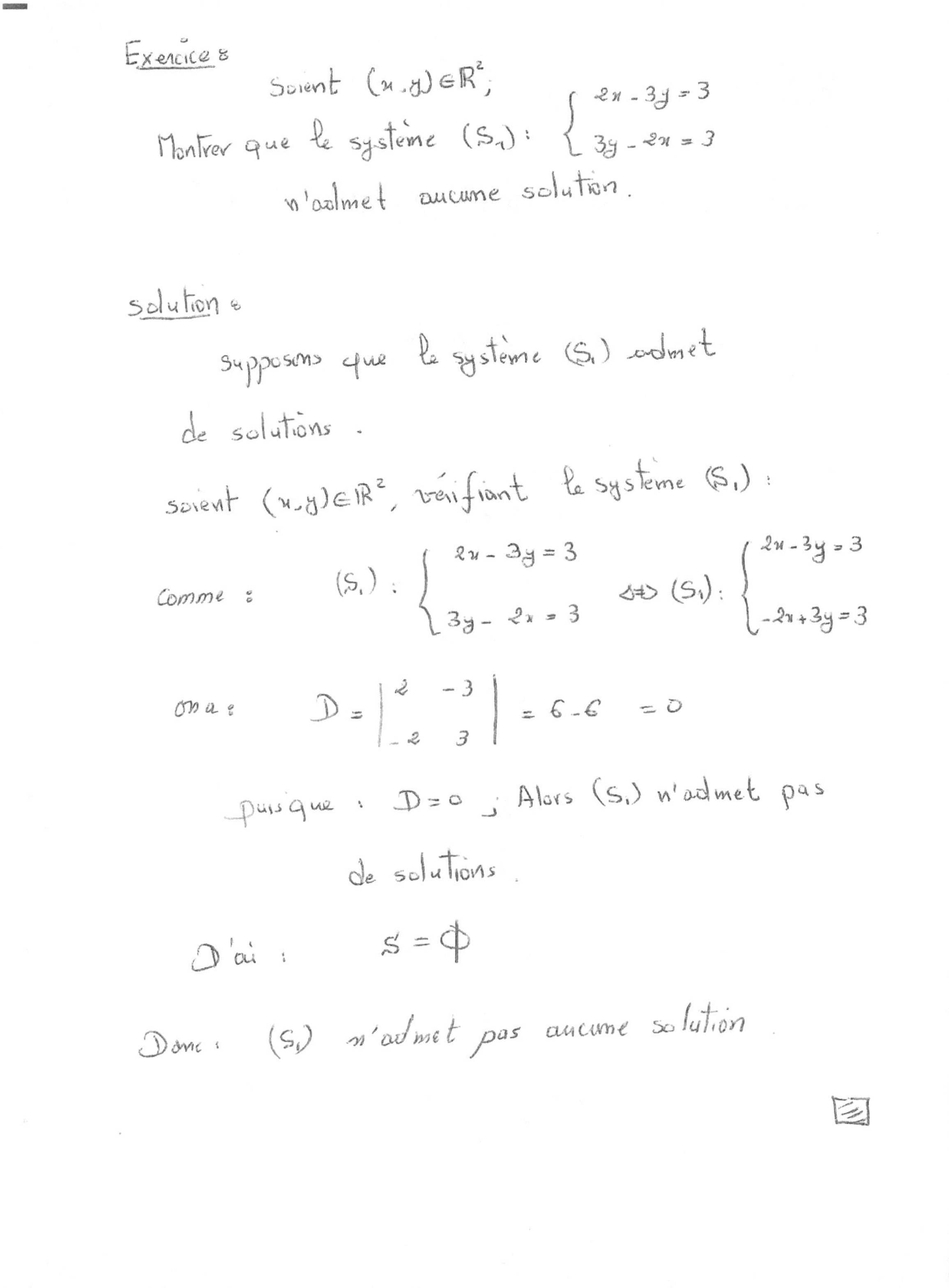

Exercice :

Soient $(x,y) \in \mathbb{R}^2$;

Montrer que le système (S_1) : $\begin{cases} 2x - 3y = 3 \\ 3y - 2x = 3 \end{cases}$

n'admet aucune solution.

solution :

supposons que le système (S_1) admet de solutions.

soient $(x,y) \in \mathbb{R}^2$, vérifiant le système (S_1) :

Comme : $(S_1) : \begin{cases} 2x - 3y = 3 \\ 3y - 2x = 3 \end{cases} \Leftrightarrow (S_1) : \begin{cases} 2x - 3y = 3 \\ -2x + 3y = 3 \end{cases}$

on a : $D = \begin{vmatrix} 2 & -3 \\ -2 & 3 \end{vmatrix} = 6 - 6 = 0$

puisque : $D = 0$; Alors (S_1) n'admet pas de solutions.

D'où : $S = \emptyset$

Donc : (S_1) n'admet pas aucune solution.

FIGURE 3.30 – IMPLICATION - EXERCICE 03

Exercice :

Soit $n \in \mathbb{N}$;

1/ Montrer que si n est pair $\Rightarrow n^2$ est pair

2/ Montrer que si n^2 est pair $\Rightarrow n$ est pair

3/ Montrer que : $\sqrt{3} \notin \mathbb{Q}$

Solution : Soit $n \in \mathbb{N}$.

1/ Montrons que si n est pair $\Rightarrow n^2$ est pair

* Soit $n \in \mathbb{N}$ et n pair

Donc : $n = 2k \;/\; k \in \mathbb{N}$

$$\Rightarrow n^2 = (2k)^2$$
$$= 4k^2$$
$$= 2(2k^2)$$
$$= 2k' \qquad / \; k' = 2k^2$$

$$\Rightarrow n^2 = 2k' \;/\; k' \in \mathbb{N}$$

$\Rightarrow n^2$ est pair.

D'où : si n est pair $\Rightarrow n^2$ est pair.

□

FIGURE 3.31 – IMPLICATION - EXERCICE 04

2/ Montrons que si n^2 est pair $\Rightarrow$ n est pair

par la contraposition, on montre que :

si : n est impair $\Rightarrow$ n^2 est impair.

Soit n un nombre impair,

Alors : $n = 2k + 1$ / $k \in \mathbb{N}$

Donc :
$$n^2 = (2k+1)^2$$
$$= (2k)^2 + 2(2k)(1) + 1^2$$
$$= 4k^2 + 4k + 1$$
$$= 2(2k^2 + 2k) + 1$$
$$= 2k' + 1 \quad / \quad k' = 2k^2 + 2k$$

$\Rightarrow$ $n^2 = 2k' + 1$ / $k' \in \mathbb{N}$

$\Rightarrow$ n^2 est impair.

D'où : si n^2 est pair $\Rightarrow$ n est pair

FIGURE 3.32 – IMPLICATION - EXERCICE 05

3/ Montrer que : $\sqrt{3} \notin \mathbb{Q}$:

Soit P : " $\sqrt{3} \notin \mathbb{Q}$ "

* supposons que P est fausse.

c'est-à-dire : $\overline{P}$ est vraie.

Comme : $\sqrt{3} \in \mathbb{Q}$;

Donc : $(\exists p \in \mathbb{Z})(\exists q \in \mathbb{Z}^*) : \sqrt{3} = \frac{p}{q}$ et $p \wedge q = 1$

Alors : $(\sqrt{3})^2 = \frac{p^2}{q^2} \Rightarrow 3 = \frac{p^2}{q^2}$

$\Rightarrow$ Donc : $p^2 = 3q^2$

$\Rightarrow p^2/3$ ou p^2/q^2

$\Rightarrow p/3$ ou p/q

Or : $p \wedge q = 1$ (premiers entre eux)

Donc : $p/3$

et comme : $D_3 = \{1 ; 3\}$

Donc. $p/1$ ou $p/3 \Rightarrow p = 1$ ou $p = 3$

* si $p = 1 \Rightarrow p = \sqrt{3}\, q$

$\Rightarrow q = \frac{1}{\sqrt{3}} = \frac{\sqrt{3}}{3}$ (impossible $q \in \mathbb{Z}^*$)

FIGURE 3.33 – IMPLICATION - EXERCICE 06

* Si $p = 3 \Rightarrow p = \sqrt{3}\, q$.

$\Rightarrow q = \frac{3}{\sqrt{3}}$

$\Rightarrow q = \sqrt{3}$ (impossible : $\sqrt{3} \notin \mathbb{Z}^*$)

Alors : la proposition $\overline{P}$ est fausse.

D'où : P est vraie.

Alors : $\sqrt{3} \notin \mathbb{Q}$

4) Montrons que : $(\forall x \in \mathbb{R}) : 4\cos(x) \neq x^2 - 4x + 12$

* Supposons que : $(\forall x \in \mathbb{R}) : 4\cos(x) = x^2 - 4x + 12$

Donc : $4\cos(x) = x^2 - 4x + 12$

$\Leftrightarrow \cos(x) = \frac{x^2 - 4x + 12}{4}$

Or : $(\forall x \in \mathbb{R}) : -1 \leq \cos(x) \leq 1$

$\Leftrightarrow (\forall x \in \mathbb{R}) : -1 \leq \frac{x^2 - 4x + 12}{4} \leq 1$

$\Leftrightarrow (\forall x \in \mathbb{R}) : -4 \leq x^2 - 4x + 12 \leq 4$

Or : $x^2 - 4x + 12 = 0 \Leftrightarrow a = 1 ; b = -4 ; c = 12$

$\Delta = 16 - 4 \times 12$

$= 16 - 48$

$= -32$

FIGURE 3.34 – IMPLICATION - EXERCICE 07

x	$-\infty$ $\qquad\qquad\qquad$ $+\infty$
$x^2-4x+12$	$+$

$(\forall x\in\mathbb{R})$: $x^2-4x+12>0$

Donc : $(\forall x\in\mathbb{R})$: $-4\leq x^2-4x+12\leq 4$ est fausse.

$\Leftrightarrow$ $(\forall x\in\mathbb{R})$: $4\cos(x)=x^2-4x+12$ est fausse

$\Leftrightarrow$ $(\forall x\in\mathbb{R})$: $4\cos(x)\neq x^2-4x+12$ est Vraie.

D'où : $(\forall x\in\mathbb{R})$: $4\cos(x)\neq x^2-4x+12$ $\boxtimes$

FIGURE 3.35 – IMPLICATION - EXERCICE 08

Exercice :

Soit a ; b ; et c des nombres réels

Montrer que :

$$\left(|a-b| \leqslant c \text{ et } |a+b| \leqslant c\right) \Rightarrow |ab| \leqslant \frac{c^2}{2}$$

Solution :

supposons que : $|a-b| \leqslant c$ et $|a+b| \leqslant c$

On a : $(a+b)^2 - (a-b)^2 = 4ab$

Alors :
$$\begin{aligned}|4ab| &= |(a+b)^2 - (a-b)^2| \\ &\leqslant |(a+b)^2| + |(a-b)^2| \\ &\leqslant |a+b|^2 + |a-b|^2 \\ &\leqslant c^2 + c^2 \\ &\leqslant 2c^2\end{aligned}$$

Donc :
$$|4ab| = 4|ab| \leqslant 2c^2$$
$$\Leftrightarrow |ab| \leqslant \frac{2c^2}{4}$$
$$\Leftrightarrow |ab| \leqslant \frac{c^2}{2}$$

FIGURE 3.36 – IMPLICATION - EXERCICE 09

Exercice :

soit $n \in \mathbb{N}^* - \{1\}$ et $a_1 ; a_2 ; \cdots a_n$ des réels

Montrer L'implication :

$$\left(a_1^2 + a_2^2 + \cdots + a_n^2 = a_1a_2 + a_2a_3 + \cdots + a_na_1\right)$$

$$\Rightarrow \quad a_1 = a_2 = \cdots = a_n$$

Solution :

soit $a_1 ; a_2 ; a_3 ; \cdots ; a_n$ des réels :

On a : $(a_1 - a_2)^2 + (a_2 - a_3)^2 + \cdots\cdots + (a_n - a_1)^2$

$$= 2\left(a_1^2 + a_2^2 + \cdots + a_n^2\right) - 2\left(a_1a_2 + a_2a_3 + \cdots + a_na_1\right)$$

$$= 2\left(a_1^2 + a_2^2 + \cdots + a_n^2\right) - 2\left(a_1^2 + a_2^2 + \cdots + a_n^2\right)$$

$$= 0$$

Donc : $\begin{cases} a_1 - a_2 = 0 \\ a_2 - a_3 = 0 \\ \vdots \\ a_n - a_1 = 0 \end{cases} \Rightarrow \begin{cases} a_1 = a_2 \\ a_2 = a_3 \\ a_3 = a_4 \\ \vdots \\ a_n = a_1 \end{cases} \Rightarrow$

$$a_1 = a_2 = a_3 = \cdots = a_n$$

FIGURE 3.37 – IMPLICATION - EXERCICE 10

Exercice : Montrer que pour tout $(a;b) \in \mathbb{R}^2$:

$$a^3 + b^3 < 1 < a+b \Rightarrow (0 < a < 1 \text{ et } 0 < b < 1)$$

Solution :

Soit $(a;b) \in \mathbb{R}^2$;

On a : $a^3 + b^3 < 1 < a+b \Rightarrow a^3 + b^3 < 1$ et $1 < a+b$

$\Rightarrow a^3 < 1 - b^3$ et $1 - b < a$

$\Rightarrow a^3 < 1 - b^3$ et $(1-b)^3 < a^3$

$x \longmapsto x^3$ est strictement croissante sur $\mathbb{R}$

$a < b \Rightarrow a^3 < b^3$

$\Rightarrow (1-b)^3 < 1 - b^3$

$\Rightarrow 1 - 3b + 3b^2 - b^3 < 1 - b^3$

$\Rightarrow -3b + 3b^2 < 0$

$\Rightarrow 3b^2 - 3b < 0$

$\Rightarrow 3b(b-1) < 0$

$\Rightarrow b \in]0;1[$

b	$-\infty$		0		1		$+\infty$
$3b^2 - 3b$		+	0	-	0	+	

On montre de même que :

$a^3 + b^3 < 1 < a+b \Rightarrow a \in]0;1[$

Donc : $a^3 + b^3 < 1 < a+b \Rightarrow (0 < a < 1 \text{ et } 0 < b < 1)$

FIGURE 3.38 – IMPLICATION - EXERCICE 11

Exercice 8

Montrer que : $(\forall \varepsilon > 0)(\exists n_0 \in \mathbb{N});\left(n \geqslant n_0 \Rightarrow \left|\frac{2n+1}{n+1} - 2\right| < \varepsilon\right)$

Solution :

soit $\varepsilon > 0$. On a pour tout $n \in \mathbb{N}$:

$$\left|\frac{2n+1}{n+1} - 2\right| < \varepsilon \iff \left|\frac{2n+1-2n-2}{n+1}\right| < \varepsilon$$

$$\iff \left|-\frac{1}{n+1}\right| < \varepsilon$$

$$\iff \left|\frac{1}{n+1}\right| < \varepsilon$$

$$\iff \frac{1}{n+1} < \varepsilon$$

$$\iff n+1 > \frac{1}{\varepsilon}$$

$$\iff n > \frac{1}{\varepsilon} - 1$$

$$\iff n > \frac{1-\varepsilon}{\varepsilon}$$

Puisque ε fixé, et comme $\mathbb{N}$ n'est pas majoré.

Alors, il existe au moins un entier naturel n_0 tel que : $n_0 > \frac{1-\varepsilon}{\varepsilon}$.

Donc, $(\forall n \in \mathbb{N})$ · $n > n_0 > \frac{1-\varepsilon}{\varepsilon} \Rightarrow \left|\frac{2n+1}{n+1} - 2\right| < \varepsilon$.

D'où : $(\forall \varepsilon > 0)(\exists n_0 \in \mathbb{N});\left(n > n_0 \Rightarrow \left|\frac{2n+1}{n+1} - 2\right| < \varepsilon\right)$

FIGURE 3.39 – IMPLICATION - EXERCICE 12

Exercice :

Montrer que pour tout $(x;y) \in \mathbb{R}^2$:

$$\left(|x| < 1 \text{ et } |y| < 1\right) \Rightarrow \left|\frac{x+y}{1+xy}\right| < 1$$

Solution :

soit $(x;y) \in \mathbb{R}^2$: $|x| < 1$ et $|y| < 1$

On a : $|xy| < 1 \Leftrightarrow -1 < xy < 1$

$\Leftrightarrow 0 < 1 + xy < 2$

Montrons que : $-1 < \frac{x+y}{1+xy} < 1$

On a : $\frac{x+y}{1+xy} + 1 = \frac{x+y+xy+1}{1+xy} = \frac{(x+1)(y+1)}{1+xy}$

et $1 - \frac{x+y}{1+xy} = \frac{1-x-y+xy}{1+xy} = \frac{(1-x)(1-y)}{1+xy}$

Comme : $\begin{cases} -1 < x < 1 \\ -1 < y < 1 \end{cases} \Leftrightarrow \begin{cases} 1-x > 0 \\ 1-y > 0 \end{cases}$ et $\begin{cases} x+1 > 0 \\ y+1 > 0 \end{cases}$

Donc : $\frac{(x+1)(y+1)}{1+xy} > 0$ et $\frac{(1-x)(1-y)}{1+xy} > 0$

Alors : $\frac{x+y}{1+xy} + 1 > 0$ et $1 - \frac{x+y}{1+xy} > 0$

Alors : $\frac{x+y}{1+xy} > -1$ et $\frac{x+y}{1+xy} < 1$

Donc : $-1 < \frac{x+y}{1+xy} < 1$.

FIGURE 3.40 – IMPLICATION - EXERCICE 13

Exercice : Montrer que : $\forall (x;y) \in \mathbb{R}^2, (\forall \alpha > 0)$

$$\left|\frac{x+y}{2}\right| + \left|\frac{x-y}{2}\right| < \alpha \Rightarrow (|x| < \alpha \text{ et } |y| < \alpha)$$

Solution :

Soit $(x;y) \in \mathbb{R}^2$ et $\alpha \in \mathbb{R}_*^+$

Supposons que : $\left|\frac{x+y}{2}\right| + \left|\frac{x-y}{2}\right| < \alpha$

On a :
$$\begin{aligned} |x| &= \left|\frac{x+y}{2} + \frac{x-y}{2}\right| \\ &\leq \left|\frac{x+y}{2}\right| + \left|\frac{x-y}{2}\right| \\ &\leq \alpha \end{aligned}$$

et
$$\begin{aligned} |y| &= \left|\frac{x+y}{2} - \frac{x-y}{2}\right| \\ &\leq \left|\frac{x+y}{2}\right| + \left|\frac{x-y}{2}\right| \\ &< \alpha \end{aligned}$$

Donc : $|x| < \alpha$ et $|y| < \alpha$

D'où : $\forall (x;y) \in \mathbb{R}^2, (\forall \alpha > 0)$

$$\left|\frac{x+y}{2}\right| + \left|\frac{x-y}{2}\right| < \alpha \Rightarrow |x| < \alpha \text{ et } |y| < \alpha$$

FIGURE 3.41 – IMPLICATION - EXERCICE 14

3.1.4 ÉQUIVALENCE

Relation entre des objets mathématiques dont les représentations – numérique, logique, géométrique, statistique, etc. – ont la même valeur.

Principe

Étant donné des propositions P et Q, l'équivalence logique de P et Q est la nouvelle proposition, notée $P \Leftrightarrow Q$, qui est vraie si et seulement si la biconditionnelle $P \Leftrightarrow Q$ est une tautologie.

Exemple

Les équations $2x + 6x - 12 = 0$ et $4x = 6$ sont des équations équivalentes parce qu'elles ont le même ensemble solution.

Un carré de 10 cm de côté et un rectangle de 20 cm par 5 cm sont des quadrilatères équivalents, parce qu'ils ont la même aire.

Les propositions « P : Tous les hommes sont mortels » et « Q : Tous les multiples de 2 sont pairs » sont des propositions logiquement équivalentes parce qu'elles sont toutes deux vraies.

Exemple

Soit les propositions « P : 15 est un multiple de a » et « Q : 15 est divisible par a » où $a \in 1, 3, 5, 15$.

Les propositions P et Q sont équivalentes car elles ont le même ensemble solution.

Remarque

Pour démontrer, une équivalence $P \Leftrightarrow Q$, il faut donc démontrer l'implication $P \Leftrightarrow Q$ et sa réciproque.

Dans le langage naturel, pour traduire que deux propositions P et Q sont équivalentes, on dira indifféremment :

P est vraie si et seulement si Q est vraie.

Pour que P soit vraie, il faut et il suffit que Q soit vraie.

Une condition nécessaire et suffisante pour que P soit vraie est que Q soit vraie (ou cns).

La vérité de P est une condition nécessaire et suffisante pour que Q soit vraie.

P équivaut à Q.

Propriétés

$P \Leftrightarrow P$ (l'équivalence est réflexive)

$(P \Leftrightarrow Q) \Rightarrow (Q \Leftrightarrow P)$ (l'équivalence est symétrique)

$(P \Leftrightarrow Q) \bigwedge (Q \Leftrightarrow R) \Rightarrow (P \Leftrightarrow R)$ (l'équivalence est transitive)

Exercice :

1) Montrer que pour tout a et b de $\mathbb{R}^{+*}$:

$$(a+b)\left(\frac{1}{a}+\frac{1}{b}\right) \geq 4$$

2) Montrer que pour tout a et b de $\mathbb{R}^{+*}$:

$$(1+a)(1+b) \geq 4\sqrt{ab}$$

3) Montrer que pour tout a et b de $\mathbb{R}^{+*}$:

$$\frac{a+b}{2} \leq \sqrt{\frac{a^2+b^2}{2}}$$

Solution :

1) Soient $a \in \mathbb{R}^{+*}$ et $b \in \mathbb{R}^{+*}$, on a $\left(\sqrt{\frac{b}{a}} - \sqrt{\frac{a}{b}}\right)^2 \geq 0$

Donc : $\left(\sqrt{\frac{b}{a}}\right)^2 + \left(\sqrt{\frac{a}{b}}\right)^2 - 2\left(\sqrt{\frac{b}{a}}\right)\left(\sqrt{\frac{a}{b}}\right) \geq 0$

Donc : $\frac{b}{a} + \frac{a}{b} - 2\sqrt{\frac{ab}{ab}} \geq 0$

Donc : $\frac{b}{a} + \frac{a}{b} - 2 \geq 0$

Alors : $\frac{b}{a} + \frac{a}{b} + 2 \geq 4$

: $\left(\frac{b}{a}+1\right) + \left(\frac{a}{b}+1\right) \geq 4$

: $\frac{b+a}{a} + \frac{a+b}{b} \geq 4$

: $\frac{1}{a}(a+b) + \frac{1}{b}(a+b) \geq 4$

Donc : $\left(\frac{1}{a}+\frac{1}{b}\right)(a+b) \geq 4$

FIGURE 3.42 – ÉQUIVALENCE - EXERCICE 01

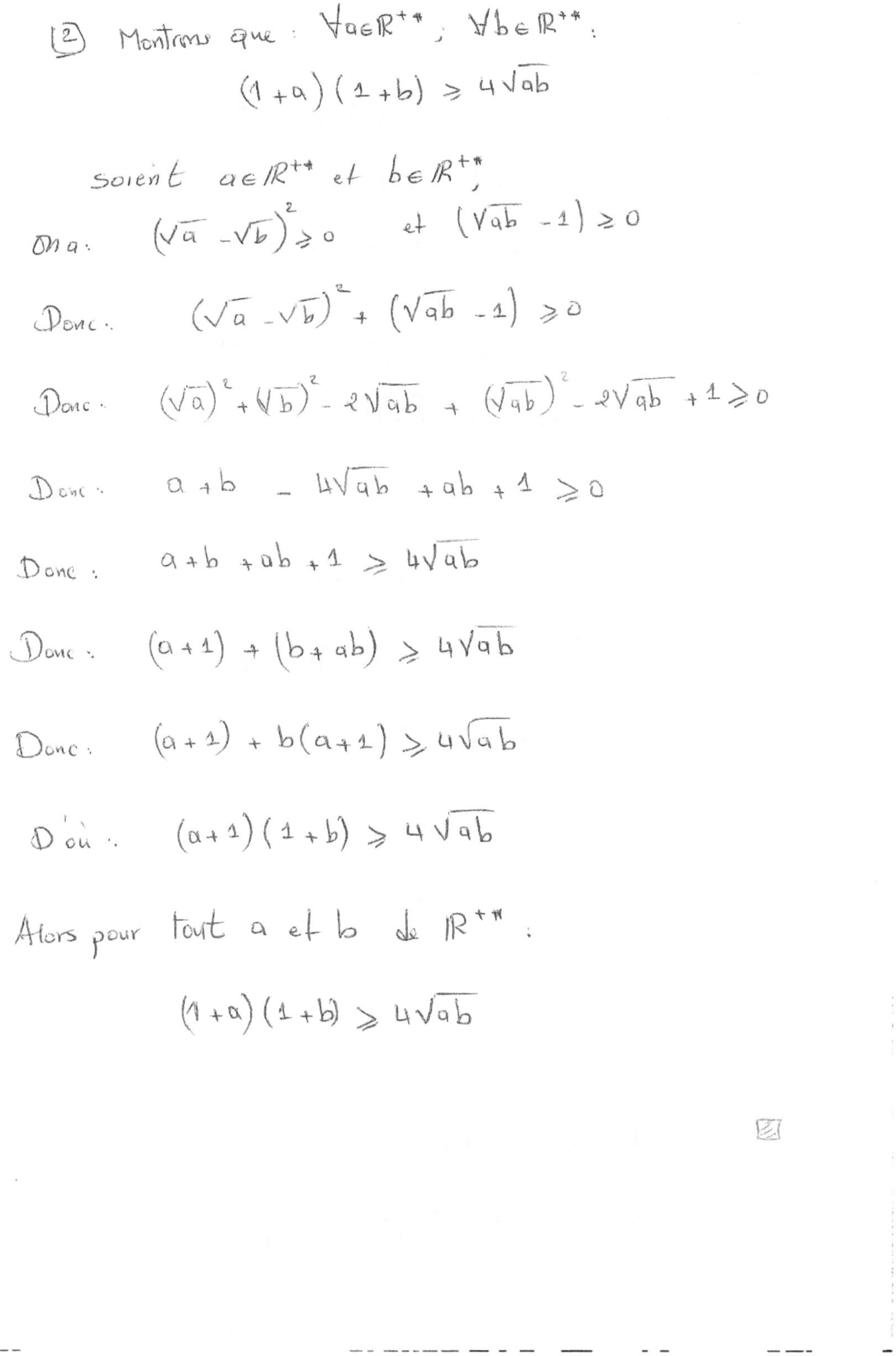

(2) Montrons que : $\forall a \in \mathbb{R}^{+*}$; $\forall b \in \mathbb{R}^{+*}$:

$$(1+a)(1+b) \geq 4\sqrt{ab}$$

soient $a \in \mathbb{R}^{+*}$ et $b \in \mathbb{R}^{+*}$;

On a : $(\sqrt{a} - \sqrt{b})^2 \geq 0$ et $(\sqrt{ab} - 1) \geq 0$

Donc : $(\sqrt{a} - \sqrt{b})^2 + (\sqrt{ab} - 1) \geq 0$

Donc : $(\sqrt{a})^2 + (\sqrt{b})^2 - 2\sqrt{ab} + (\sqrt{ab})^2 - 2\sqrt{ab} + 1 \geq 0$

Donc : $a + b - 4\sqrt{ab} + ab + 1 \geq 0$

Donc : $a + b + ab + 1 \geq 4\sqrt{ab}$

Donc : $(a+1) + (b + ab) \geq 4\sqrt{ab}$

Donc : $(a+1) + b(a+1) \geq 4\sqrt{ab}$

D'où : $(a+1)(1+b) \geq 4\sqrt{ab}$

Alors pour tout a et b de $\mathbb{R}^{+*}$:

$$(1+a)(1+b) \geq 4\sqrt{ab}$$

Figure 3.43 – ÉQUIVALENCE - EXERCICE 02

③ Montrons que pour tout a et b de $\mathbb{R}^{+*}$:

$$\frac{a+b}{2} \leq \sqrt{\frac{a^2+b^2}{2}}$$

Soient $a \in \mathbb{R}^{+*}$; $b \in \mathbb{R}^{+*}$; on a : $(a-b)^2 \geq 0$

Donc : $a^2+b^2-2ab \geq 0$

Donc : $a^2+b^2 \geq 2ab$

Donc : $a^2+b^2+(a^2+b^2) \geq 2ab+(a^2+b^2)$

" : $2a^2+2b^2 \geq a^2+2ab+b^2$

" : $2(a^2+b^2) \geq (a+b)^2$

Alors : $\frac{a^2+b^2}{2} \geq \frac{(a+b)^2}{4}$

Donc : $\sqrt{\frac{a^2+b^2}{2}} \geq \sqrt{\frac{(a+b)^2}{4}}$

Donc : $\sqrt{\frac{a^2+b^2}{2}} \geq \frac{|a+b|}{2}$

Puisque : $|a+b| = a+b$; $a>0$ et $b>0$

D'où : $\sqrt{\frac{a^2+b^2}{2}} \geq \frac{a+b}{2}$

Alors $\forall a \in \mathbb{R}^{+*}$; $\forall b \in \mathbb{R}^{+*}$: $\frac{a+b}{2} \leq \sqrt{\frac{a^2+b^2}{2}}$

FIGURE 3.44 – ÉQUIVALENCE - EXERCICE 03

Exercice :

Résoudre dans $\mathbb{R}$ L'équation suivante :

$$(E) : \sqrt{\frac{x+5}{\sqrt{x}-1}} + 3\sqrt{\frac{\sqrt{x}-1}{x+5}} = 4$$

Solution :

On a : $(E) : \sqrt{\frac{x+5}{\sqrt{x}-1}} + 3\sqrt{\frac{\sqrt{x}-1}{x+5}} \neq 4$ et $x > 1$

On pose : $X = \sqrt{\frac{x+5}{\sqrt{x}-1}}$

Donc (E) devient : $X^2 - 4X + 3 = 0 \quad (E')$

les solutions de (E') sont : $X = 1$ ou $X = 3$

* Si $X = 1$; alors $\frac{x+5}{\sqrt{x}-1} = 1$

Donc : $(\sqrt{x})^2 - \sqrt{x} + 6 = 0$

Alors : $\sqrt{x} = 3$ ou $\sqrt{x} = -2$ (imp)

Donc : $x = 9$

* Si $X = 3$, alors $\frac{x+5}{\sqrt{x}-1} = 9$

Donc : $(\sqrt{x})^2 - 9\sqrt{x} + 14 = 0$

Alors : $\sqrt{x} = 2$ ou $\sqrt{x} = 7$

Donc : $x = 4$ ou $x = 49$

D'où : $S = \{4; 9; 49\}$

FIGURE 3.45 – ÉQUIVALENCE - EXERCICE 04

Exercice :

Résoudre dans $\mathbb{R}^2$ le système suivant :

$$(S) \begin{cases} \sqrt{\dfrac{3x-2y}{2x}} + \sqrt{\dfrac{2x}{3x-2y}} = 2 & (E_1) \\ x^2 - 4xy + 6x = 8 & (E_2) \end{cases}$$

Solution :

Soit S l'ensemble de solutions de (S).

Soit $(x;y) \in S$.

On pose : $X = \sqrt{\dfrac{2x}{3x-2y}}$

(E_1) devient : $X + \dfrac{1}{X} = 2$

Alors : $X^2 - 2X + 1 = 0$

Donc : $X = 1$

D'où : $\sqrt{\dfrac{2x}{3x-2y}} = 1 \iff \dfrac{2x}{3x-2y} = 1$

$\iff x = 2y$

On a : (E_2) : $x^2 - 4xy + 6x = 8$

Alors : $y^2 - 3y + 2 = 0$

Donc : $y = 1$ ou $y = 2$

D'où : $S = \{(2;1) \; ; \; (4;2)\}$

FIGURE 3.46 – ÉQUIVALENCE - EXERCICE 05

Exercice :

Résoudre dans $\mathbb{R}$ l'équation suivante :

$$(E) : \frac{\sqrt{m+x} + \sqrt{m-x}}{\sqrt{m+x} - \sqrt{m-x}} = \frac{m}{x} \quad ; (m \in \mathbb{R})$$

Solution :

$$(E) \Leftrightarrow \frac{\left(\sqrt{m+x} + \sqrt{m-x}\right)\left(\sqrt{m+x} + \sqrt{m-x}\right)}{\left(\sqrt{m+x} - \sqrt{m-x}\right)\left(\sqrt{m+x} + \sqrt{m-x}\right)} = \frac{m}{x} \text{ et } x \neq 0$$

$$\Leftrightarrow \frac{\left(\sqrt{m+x} + \sqrt{m-x}\right)^2}{m + x - m + x} = \frac{m}{x} \quad \text{et} \quad x \neq 0$$

$$\Leftrightarrow \frac{\left(\sqrt{m+x} + \sqrt{m-x}\right)^2}{2x} = \frac{m}{x} \quad \text{et} \quad x \neq 0$$

$$\Leftrightarrow \left(\sqrt{m+x} + \sqrt{m-x}\right)^2 = 2m$$

* Si $m \leqslant 0$ alors : $S = \phi$

* Si $m > 0$ alors :

$$\left(\sqrt{m+x} + \sqrt{m-x}\right)^2 = 2m \Leftrightarrow m + x + m - x + 2\sqrt{m+x}\sqrt{m-x} = 2m$$

$$\Leftrightarrow 2m + 2\sqrt{m+x}\sqrt{m-x} = 2m$$

$$\Leftrightarrow \sqrt{m+x}\sqrt{m-x} = 0$$

$$\Leftrightarrow x = m \quad \text{ou} \quad x = -m \quad / m \in \mathbb{R}.$$

$$S = \{-m ; m\}$$

FIGURE 3.47 – ÉQUIVALENCE - EXERCICE 06

Exercice :

Soit $a_0 ; a_1 ; a_2 ; \cdots ; a_{2000}$ les coefficients d'un polynôme $P(x)$ où :

$$P(x) = (1 + x + x^2)^{1000}$$

On pose : $S_{1000} = a_0 + a_2 + \cdots + a_{2k} + \cdots + a_{1000}$

1/ Montrer que : $a_0 + a_1 + a_2 + \cdots + a_{2000} = 3^{1000}$

2/ Montrer que : $a_0 - a_1 + a_2 - a_3 + \cdots + a_{2000} = 1$

3/ En déduire que : $S_{1000} = \frac{1}{2}(1 + 3^{1000})$

Solution :

1/ Puisque les coefficients du $P(x)$ sont :

$a_0 ; a_1 ; \cdots ; a_{2000}$, alors :

$$P(x) = a_0 + a_1 x + a_2 x^2 + \cdots + a_{2000} x^{2000}$$

* Pour $x = 1$:

On a : $P(1) = a_0 + a_1 + a_2 + \cdots + a_{2000}$

et $P(1) = (1 + 1 + 1^2)^{1000} = 3^{1000}$

Donc : $\boxed{a_0 + a_1 + a_2 + \cdots + a_{2000} = 3^{1000}}$

Figure 3.48 – ÉQUIVALENCE - EXERCICE 07

2/ Pour $x = -1$:

On a : $P(-1) = a_0 - a_1 + a_2 - a_3 + \cdots + a_{2000}$

et on a : $P(-1) = \left(1 - 1 + (-1)^2\right)^{1000} = 1^{1000} = 1$.

Donc : $\boxed{a_0 - a_1 + a_2 - a_3 + \cdots + a_{2000} = 1}$

3/ On a : $a_0 + a_1 + a_2 + a_3 + \cdots + a_{2000} = 3^{1000}$ ①

et $a_0 - a_1 + a_2 - a_3 + \cdots + a_{2000} = 1$ ②

or : ① + ② :

$$\begin{array}{rcl} & a_0 + a_1 + a_2 + a_3 + \cdots + a_{2000} & 3^{1000} \\ + & a_0 - a_1 + a_2 - a_3 + \cdots + a_{2000} = & + \; 1 \\ \hline & 2\left(a_0 + a_2 + a_4 + \cdots + a_{2000}\right) & 3^{1000} + 1 \end{array}$$

Donc : $2 \, S'_{1000} = 3^{1000} + 1$

D'où : $S'_{1000} = \dfrac{3^{1000} + 1}{2}$

$= \dfrac{1}{2}\left(1 + 3^{1000}\right)$

FIGURE 3.49 – ÉQUIVALENCE - EXERCICE 08

Exercice :

Résoudre dans $\mathbb{R}$ l'équation suivante :

$$(E) : \sqrt{2x+19-8\sqrt{2x+3}}+\sqrt{2x+7-4\sqrt{2x+3}}=6$$

Solution :

L'équation (E) a un sens si, et seulement :

$$\begin{cases} 2x+3 \geqslant 0 \\ 2x+19-8\sqrt{2x+3} \geqslant 0 \\ 2x+7-4\sqrt{2x+3} \geqslant 0 \end{cases}$$

On remarquant que :

$$2x+19 = \sqrt{2x+3}^2 + 4^2$$

$$2x+7 = \sqrt{2x+3}^2 + 2^2$$

Donc :

$$\begin{cases} 2x+3 \geqslant 0 \\ 2x+19-8\sqrt{2x+3} \geqslant 0 \\ 2x+7-4\sqrt{2x+3} \geqslant 0 \end{cases} \Leftrightarrow \begin{cases} 2x+3 \geqslant 0 \\ (\sqrt{2x+3}-4)^2 \geqslant 0 \\ (\sqrt{2x+3}-2)^2 \geqslant 0 \end{cases} \Leftrightarrow 2x+3 \geqslant 0$$

$$\Leftrightarrow x \geqslant \frac{-3}{2} \Leftrightarrow x \in \left[-\frac{3}{2} ; +\infty\right[$$

+ Soit $x \in \left[-\frac{3}{2} ; +\infty\right[$

$$(E) \Leftrightarrow \sqrt{(\sqrt{2x+3}-4)^2}+\sqrt{(\sqrt{2x+3}-2)^2} = 6$$

$$\Leftrightarrow |\sqrt{2x+3}-4| + |\sqrt{2x+3}-2| = 6$$

FIGURE 3.50 – ÉQUIVALENCE - EXERCICE 09

x	$-\frac{3}{2}$		$\frac{1}{2}$		$\frac{13}{2}$		$+\infty$
$\lvert\sqrt{2x+3}-4\rvert$		$4-\sqrt{2x+3}$		$4-\sqrt{2x+3}$	0	$\sqrt{2x+3}-4$	
$\lvert\sqrt{2x+3}-2\rvert$		$2-\sqrt{2x+3}$	0	$\sqrt{2x+3}-2$		$\sqrt{2x+3}-2$	
$\lvert\sqrt{2x+3}-4\rvert+\lvert\sqrt{2x+3}-2\rvert$		$6-2\sqrt{2x+3}$		2		$2\sqrt{2x+3}-6$	

1er cas : si $x \in \left[-\frac{3}{2} ; \frac{1}{2}\right[$

$x \in S \iff 6-2\sqrt{2x+3} = 6 \iff -2\sqrt{2x+3} = 0$

$\iff x = -\frac{3}{2}$

Comme : $-\frac{3}{2} \in \left[-\frac{3}{2} ; \frac{1}{2}\right[$, alors $S_1 = \left\{-\frac{3}{2}\right\}$

2ème cas : si $x \in \left[\frac{1}{2} ; \frac{13}{2}\right]$

$x \in S \iff 2 = 6$ Ceci est impossible

$S_2' = \emptyset$

3ème cas : si $x \in \left[\frac{13}{2} ; +\infty\right[$

$x \in S \iff 2\sqrt{2x+3} - 6 = 6 \iff \sqrt{2x+3} = 6$

$\iff 2x+3 = 36 \iff x = \frac{33}{2}$

Comme : $\frac{33}{2} \in \left[\frac{13}{2} ; +\infty\right[$; alors $S_3 = \left\{\frac{33}{2}\right\}$

Conclusion : $S = S_1 \cup S_2' \cup S_3'$

$= \left\{\frac{33}{2} ; -\frac{3}{2}\right\}$

FIGURE 3.51 – ÉQUIVALENCE - EXERCICE 10

Exercice :

Résoudre dans $\mathbb{R}^2$ le système suivant :

$$(S) : \begin{cases} xy - y + 2 - 2x = 0 \\ x^2y - (y^2+1)x + y = 0 \end{cases}$$

Solution :

soit $(x;y) \in \mathbb{R}^2$;

On a : $xy - y + 2 - 2x = 0 \iff y(x-1) - 2(x-1) = 0$

$\iff (x-1)(y-2) = 0$

$\iff (x = 1 \text{ ou } y = 2)$

Donc : $(S) \iff \left(\begin{cases} x = 1 \\ x^2y - (y^2+1)x + y = 0 \end{cases} \text{ ou } \begin{cases} y = 2 \\ x^2y - (y^2+1)x + y = 0 \end{cases} \right)$

$\iff \begin{cases} x = 1 \\ (y-1)^2 = 0 \end{cases} \text{ ou } \begin{cases} y = 2 \\ 2x^2 - 5x + 2 = 0 \end{cases}$

$\iff \begin{cases} x = 1 \\ y = 1 \end{cases} \text{ ou } \begin{cases} y = 2 \\ x = 2 \text{ ou } x = \frac{1}{2} \end{cases}$

$\iff \begin{cases} x = 1 \\ y = 1 \end{cases} \text{ ou } \begin{cases} x = 2 \\ y = 2 \end{cases} \text{ ou } \begin{cases} x = 1/2 \\ y = 2 \end{cases}$

D'où : $S = \{(1;1) ; (2;2) ; (1/2 ; 2)\}$

Figure 3.52 – ÉQUIVALENCE - EXERCICE 11

Exercice :

Soit $(a;b) \in \mathbb{R}^2$ tel que : $a+b=2$ et $|a|<|b|$.

Montrer que : $1 \in]|a|;|b|[\iff ab \in]-3;1[$

Solution :

On a : $1 \in]|a|;|b|[\iff |a| < 1 < |b|$

$\iff a^2 < 1 < b^2$

$\iff (a^2-1)(b^2-1) < 0$

$\iff a^2b^2 - (a^2+b^2)+1 < 0$

$\iff a^2b^2 - \left((a+b)^2 - 2ab\right)+1 < 0$

$\iff a^2b^2 - (4-2ab)+1 < 0$

$\iff a^2b^2 + 2ab - 3 < 0$

$\iff (ab+1)^2 - 4 < 0$

$\iff (ab+1)^2 < 4$

$\iff |ab+1| < 2$

$\iff -2 < ab+1 < 2$

$\iff -3 < ab < 1$

$\iff ab \in]-3;1[$

FIGURE 3.53 – ÉQUIVALENCE - EXERCICE 12

Exercice : Montrer que $\forall (x;y) \in \mathbb{R}^2 : \quad x^4 + y^4 \geqslant xy(x^2+y^2)$

Solution : Soit $(x;y) \in \mathbb{R}^2$;

$$x^4 + y^4 \geqslant xy(x^2+y^2) \iff x^4 + y^4 \geqslant x^3y + xy^3$$

$$\iff x^4 - x^3y + y^4 - xy^3 \geqslant 0$$

$$\iff x^3(x-y) + y^3(y-x) \geqslant 0$$

$$\iff x^3(x-y) - y^3(x-y) \geqslant 0$$

$$\iff (x-y)(x^3-y^3) \geqslant 0$$

$$\iff (x-y)(x-y)(x^2+xy+y^2) \geqslant 0$$

$$\iff (x-y)^2(x^2+xy+y^2) \geqslant 0$$

On a : $x^2 + xy = \left(x + \frac{y}{2}\right)^2 - \frac{y^2}{4}$

Donc : $x^2 + xy + y^2 = \left(x + \frac{y}{2}\right)^2 - \frac{y^2}{4} + y^2$

$$= \left(x + \frac{y}{2}\right)^2 + \frac{3y^2}{4}$$

Alors : $x^4 + y^4 \geqslant xy(x^2+y^2) \iff (x-y)^2\left(\left(x+\frac{y}{2}\right)^2 + \frac{3y^2}{4}\right) \geqslant 0$

Comme : $(x-y)^2\left(\left(x+\frac{y}{2}\right)^2 + \frac{3y^2}{4}\right) \geqslant 0$ est vraie

Donc : $\forall (x;y) \in \mathbb{R}^2 : \quad x^4 + y^4 \geqslant xy(x^2+y^2)$.

FIGURE 3.54 – ÉQUIVALENCE - EXERCICE 13

Exercice :

Montrer que pour tout $(x;y) \in \mathbb{R}^2$:

$$|x-y| \leqslant 2\sqrt{x^2+y^2+xy}$$

Solution :

soit $(x;y) \in \mathbb{R}^2$;

$$|x-y| \leqslant 2\sqrt{x^2+y^2+xy} \iff |x-y|^2 \leqslant \left(2\sqrt{x^2+y^2+xy}\right)^2$$

$$\iff x^2-2xy+y^2 \leqslant 4(x^2+y^2+xy)$$

$$\iff x^2-2xy+y^2 \leqslant 4x^2+4y^2+4xy$$

$$\iff x^2-4x^2+y^2-4y^2-2xy-4xy \leqslant 0$$

$$\iff -3x^2-3y^2-6xy \leqslant 0$$

$$\iff 3x^2+3y^2+6xy \geqslant 0$$

$$\iff 3(x^2+y^2+2xy) \geqslant 0$$

$$\iff 3(x+y)^2 \geqslant 0$$

On sait que $\forall (x;y) \in \mathbb{R}^2 : 3(x+y)^2 \geqslant 0$ est vraie.

Donc : $\forall (x;y) \in \mathbb{R}^2 : |x-y| \leqslant 2\sqrt{x^2+y^2+xy}$.

FIGURE 3.55 – ÉQUIVALENCE - EXERCICE 14

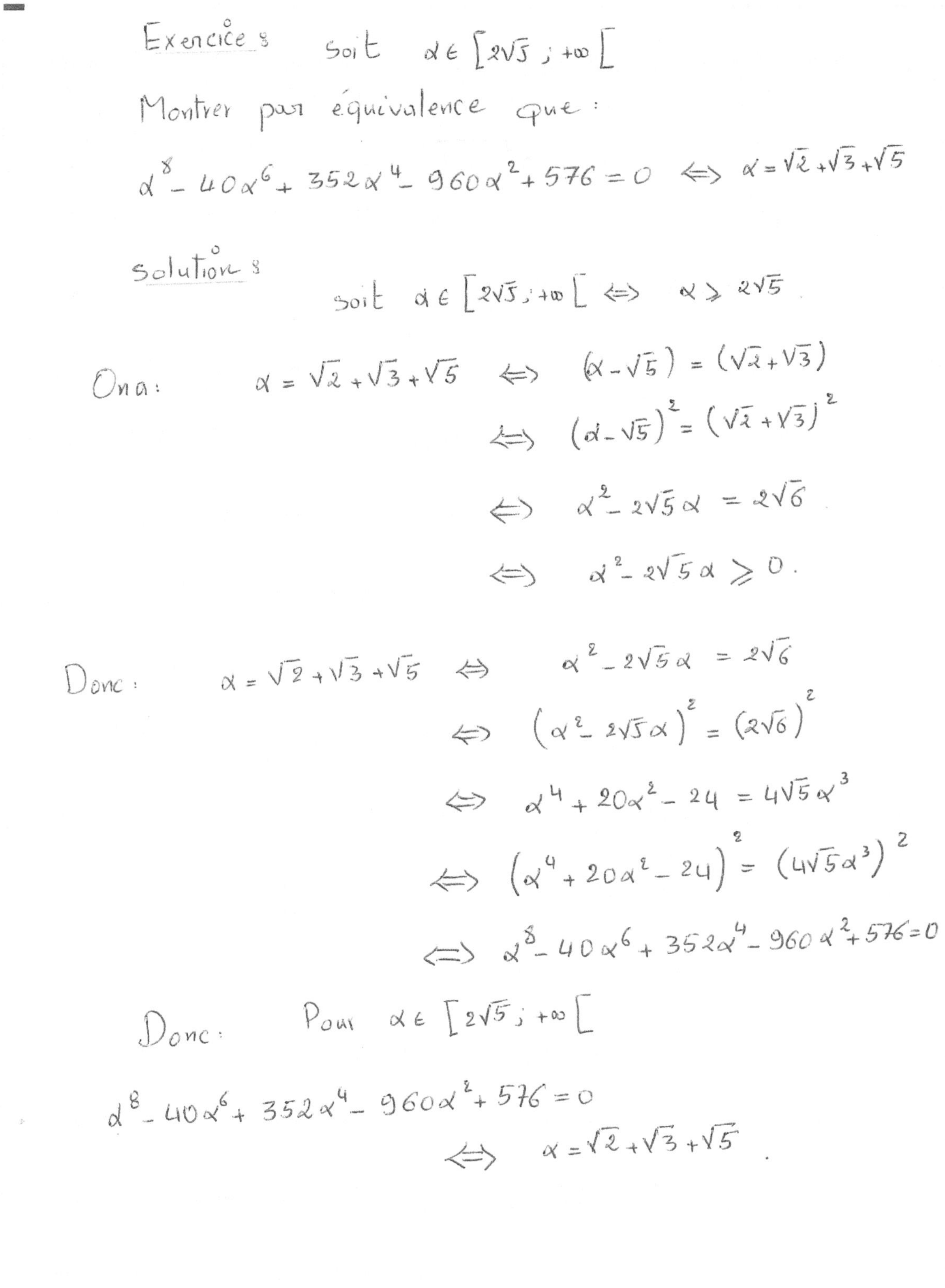

Exercice : Soit $\alpha \in [2\sqrt{5} ; +\infty[$

Montrer par équivalence que :

$$\alpha^8 - 40\alpha^6 + 352\alpha^4 - 960\alpha^2 + 576 = 0 \iff \alpha = \sqrt{2} + \sqrt{3} + \sqrt{5}$$

Solution :

Soit $\alpha \in [2\sqrt{5} ; +\infty[\iff \alpha \geq 2\sqrt{5}$

On a :

$$\alpha = \sqrt{2} + \sqrt{3} + \sqrt{5} \iff (\alpha - \sqrt{5}) = (\sqrt{2} + \sqrt{3})$$
$$\iff (\alpha - \sqrt{5})^2 = (\sqrt{2} + \sqrt{3})^2$$
$$\iff \alpha^2 - 2\sqrt{5}\alpha = 2\sqrt{6}$$
$$\iff \alpha^2 - 2\sqrt{5}\alpha \geq 0.$$

Donc :

$$\alpha = \sqrt{2} + \sqrt{3} + \sqrt{5} \iff \alpha^2 - 2\sqrt{5}\alpha = 2\sqrt{6}$$
$$\iff (\alpha^2 - 2\sqrt{5}\alpha)^2 = (2\sqrt{6})^2$$
$$\iff \alpha^4 + 20\alpha^2 - 24 = 4\sqrt{5}\alpha^3$$
$$\iff (\alpha^4 + 20\alpha^2 - 24)^2 = (4\sqrt{5}\alpha^3)^2$$
$$\iff \alpha^8 - 40\alpha^6 + 352\alpha^4 - 960\alpha^2 + 576 = 0$$

Donc : Pour $\alpha \in [2\sqrt{5} ; +\infty[$

$$\alpha^8 - 40\alpha^6 + 352\alpha^4 - 960\alpha^2 + 576 = 0 \iff \alpha = \sqrt{2} + \sqrt{3} + \sqrt{5}.$$

Figure 3.56 – ÉQUIVALENCE - EXERCICE 15

Exercice :

Résoudre dans $\mathbb{R}$ l'équation suivante :

$$(E) : \sqrt{x^2+1} = 2x$$

Solution :

Résolvons dans $\mathbb{R}$ l'équation suivante :

$$(E) : \sqrt{x^2+1} = 2x$$

Soit S l'ensemble de solution de (E).

1ᵉʳ Méthode :

$$x \in S \Rightarrow \sqrt{x^2+1} = 2x \Rightarrow x^2+1 = 4x^2$$
$$\Rightarrow 3x^2 = 1$$
$$\Rightarrow x^2 = \frac{1}{3}$$
$$\Rightarrow \left(x = \frac{\sqrt{3}}{3} \text{ ou } x = -\frac{\sqrt{3}}{3}\right)$$

Or, $\sqrt{\left(\frac{-\sqrt{3}}{3}\right)^2+1} = \sqrt{\frac{1}{3}+1} = \frac{2\sqrt{3}}{3}$

Donc : $-\frac{\sqrt{3}}{3} \notin S$

D'où : $S = \left\{\frac{\sqrt{3}}{3}\right\}$

2ᵉᵐᵉ Méthode :

$$x \in S \Leftrightarrow \left[\left(\sqrt{x^2+1}\right)^2 = (2x)^2 \text{ et } x \geq 0\right]$$
$$\Leftrightarrow (3x^2 = 1 \text{ et } x \geq 0) \Leftrightarrow \left(x^2 = \frac{1}{3} \text{ et } x \geq 0\right)$$
$$\Leftrightarrow \left(x = \frac{\sqrt{3}}{3}\right) \quad \text{Donc : } S = \left\{\frac{\sqrt{3}}{3}\right\}$$

FIGURE 3.57 – ÉQUIVALENCE - EXERCICE 16

Exercice :

Montrer que : $(\forall x \in [1; +\infty[)\,(\forall y \in [4; +\infty[)$

$$\sqrt{x-1} + 2\sqrt{y-4} = \frac{x+y}{2} \iff x = 2 \text{ et } y = 8$$

Solution :

On a $\sqrt{x-1} + 2\sqrt{y-4} = \frac{x+y}{2}$

$$\iff 2\left(\sqrt{x-1} + 2\sqrt{y-4}\right) = x + y$$

$$\iff 2\sqrt{x-1} + 4\sqrt{y-4} = x + y$$

$$\iff x + y + 2\sqrt{x-1} + 4\sqrt{y-4} = 0$$

$$\iff \left(x + 2\sqrt{x-1}\right) + \left(y - 4\sqrt{y-4}\right) = 0$$

$$\iff \left((x-1) - 2\sqrt{x-1} + 1\right) + \left((y-4) - 4\sqrt{y-4} + 4\right) = 0$$

$$\iff \left(\left(\sqrt{x-1}\right)^2 - 2\sqrt{x-1} + 1^2\right) + \left(\left(\sqrt{y-4}\right)^2 - 2.2\sqrt{y-4} + 2^2\right) = 0$$

$$\iff \left(\sqrt{x-1} - 1\right)^2 + \left(\sqrt{y-4} - 2\right)^2 = 0$$

$$\iff \sqrt{x-1} - 1 = 0 \quad \text{et} \quad \sqrt{y-4} - 2 = 0$$

$$\iff \sqrt{x-1} = 1 \quad \text{et} \quad \sqrt{y-4} = 2$$

$$\iff x - 1 = 1 \quad \text{et} \quad y - 4 = 4$$

$$\iff x = 2 \quad \text{et} \quad y = 8$$

FIGURE 3.58 – ÉQUIVALENCE - EXERCICE 17

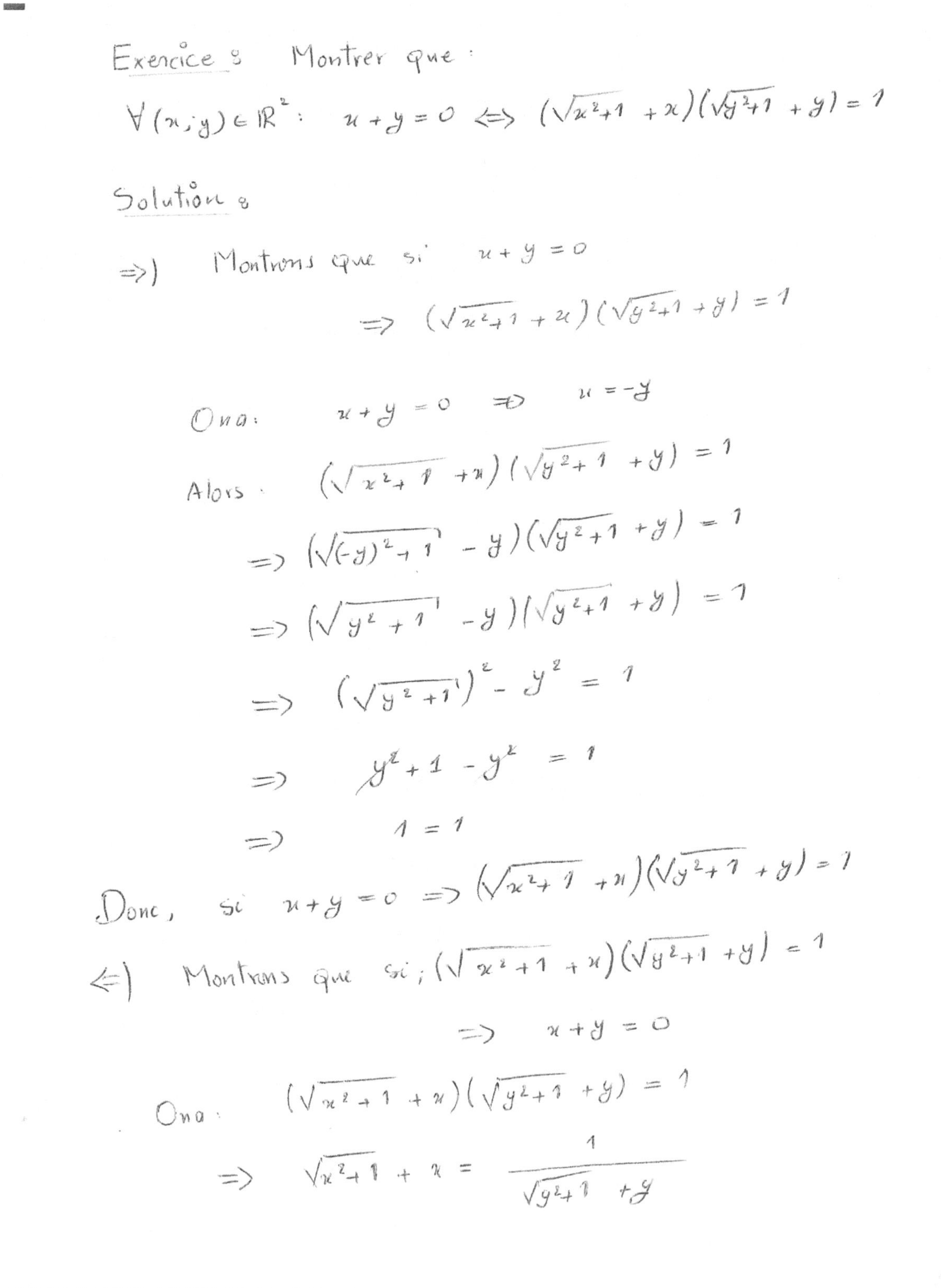

Exercice : Montrer que :

$$\forall (x;y) \in \mathbb{R}^2 : \quad x + y = 0 \iff (\sqrt{x^2+1} + x)(\sqrt{y^2+1} + y) = 1$$

Solution :

$\Rightarrow$) Montrons que si $x + y = 0$

$$\Rightarrow (\sqrt{x^2+1} + x)(\sqrt{y^2+1} + y) = 1$$

On a : $x + y = 0 \Rightarrow x = -y$

Alors : $(\sqrt{x^2+1} + x)(\sqrt{y^2+1} + y) = 1$

$$\Rightarrow (\sqrt{(-y)^2+1} - y)(\sqrt{y^2+1} + y) = 1$$

$$\Rightarrow (\sqrt{y^2+1} - y)(\sqrt{y^2+1} + y) = 1$$

$$\Rightarrow (\sqrt{y^2+1})^2 - y^2 = 1$$

$$\Rightarrow y^2 + 1 - y^2 = 1$$

$$\Rightarrow 1 = 1$$

Donc, si $x + y = 0 \Rightarrow (\sqrt{x^2+1} + x)(\sqrt{y^2+1} + y) = 1$

$\Leftarrow$) Montrons que si ; $(\sqrt{x^2+1} + x)(\sqrt{y^2+1} + y) = 1$

$$\Rightarrow x + y = 0$$

On a : $(\sqrt{x^2+1} + x)(\sqrt{y^2+1} + y) = 1$

$$\Rightarrow \sqrt{x^2+1} + x = \frac{1}{\sqrt{y^2+1} + y}$$

Figure 3.59 – ÉQUIVALENCE - EXERCICE 18

$$\Rightarrow \quad \sqrt{x^2+1} = \frac{1}{\sqrt{y^2+1}+y} - x$$

$$\Rightarrow \quad \sqrt{x^2+1} = \frac{1 - x(\sqrt{y^2+1}+y)}{\sqrt{y^2+1}+y}$$

$$\Rightarrow \quad \sqrt{x^2+1} = \frac{1 - xy - x\sqrt{y^2+1}}{\sqrt{y^2+1}+y}$$

$$\Rightarrow \quad \left(\sqrt{x^2+1}\right)^2 = \frac{\left((1-xy) - x\sqrt{y^2+1}\right)^2}{\left(\sqrt{y^2+1}+y\right)^2}$$

$$\Rightarrow \quad (x^2+1)\left(\sqrt{y^2+1}+y\right)^2 = \left((1-xy) - x\sqrt{y^2+1}\right)^2$$

$$\Rightarrow \quad (x^2+1)\left(\sqrt{y^2+1}+y\right)^2 = 1 - 2xy + x^2y^2 - 2x\sqrt{y^2+1} + 2x^2y\sqrt{y^2+1} + x^2(y^2+1)$$

$$\Rightarrow \quad (x^2+1)\left(2y^2+1+2y\sqrt{y^2+1}\right) = 1 - 2xy + 2x^2y^2 - 2x\sqrt{y^2+1} + 2x^2y\sqrt{y^2+1} + x^2$$

$$\Rightarrow \quad 2y^2 + 2xy + 2y\sqrt{y^2+1} + 2x\sqrt{y^2+1} = 0$$

$$\Rightarrow \quad y(y+x) + (y+x)\sqrt{y^2+1} = 0$$

$$\Rightarrow \quad (x+y)\left(y+\sqrt{y^2+1}\right) = 0$$

$$\Rightarrow \quad x+y=0 \quad \text{ou} \quad y+\sqrt{y^2+1} = 0$$

$$\Rightarrow \quad x+y=0 \quad \text{ou} \quad \sqrt{y^2+1} = -y$$

$$\Rightarrow \quad x+y=0 \quad \text{ou} \quad y^2+1 = y^2$$

$$\Rightarrow \quad x+y=0 \quad \text{ou} \quad 1=0 \quad \Rightarrow \quad x+y=0.$$

FIGURE 3.60 – ÉQUIVALENCE - EXERCICE 19

Exercice : Montrer que :

$$\forall (a;b) \in \mathbb{R}^2 ; \quad |a+b| \leqslant |1+ab| \iff (a^2-1)(b^2-1) \geqslant 0$$

Solution :

soit $(a;b) \in \mathbb{R}^2$:

$$\begin{aligned}
(a^2-1)(b^2-1) \geqslant 0 &\iff a^2b^2 - a^2 - b^2 + 1 \geqslant 0 \\
&\iff (ab)^2 - a^2 - b^2 + 1 \geqslant 0 \\
&\iff (ab)^2 + 1 \geqslant a^2 + b^2 \\
&\iff (ab)^2 + 1 + 2ab \geqslant a^2 + b^2 + 2ab \\
&\iff (ab)^2 + 2(ab).1 + 1^2 \geqslant (a+b)^2 \\
&\iff (ab+1)^2 \geqslant (a+b)^2 \\
&\iff \sqrt{(ab+1)^2} \geqslant \sqrt{(a+b)^2} \\
&\iff |ab+1| \geqslant |a+b| \\
&\iff |a+b| \leqslant |ab+1|
\end{aligned}$$

Donc : $\forall (a;b) \in \mathbb{R}^2$:

$$|a+b| \leqslant |ab+1| \iff (a^2-1)(b^2-1) \geqslant 0$$

FIGURE 3.61 – ÉQUIVALENCE - EXERCICE 20

Exercice :

Soit $|a| < 1$ et $|b| < 1$

Montrer que : $-1 \leqslant \dfrac{a+b}{1+ab} \leqslant 1$

Solution :

On a : $-1 < a < 1$ et $-1 < b < 1$

Donc : $0 < a^2 < 1$ et $0 < b^2 < 1$

Alors : $a^2 - 1 < 0$ et $b^2 - 1 < 0$

Donc : $(a^2-1)(b^2-1) > 0$

Or : $(a^2-1)(b^2-1) > 0 \iff |a+b| \leqslant |1+ab|$

Donc : $|a+b| \leqslant |1+ab|$

$$\iff \frac{|a+b|}{|1+ab|} \leqslant 1$$

$$\iff \left|\frac{a+b}{1+ab}\right| \leqslant 1$$

$$\iff -1 \leqslant \frac{a+b}{1+ab} \leqslant 1$$

FIGURE 3.62 – ÉQUIVALENCE - EXERCICE 21

Exercice : Soit $x \in \mathbb{R}^+$

Montrer que : $\dfrac{\sqrt{x}}{x^2 - x + 1} \leqslant \dfrac{4}{3}\sqrt{x}$

Solution :

Soit $x \in \mathbb{R}^+$;

Il suffit de montrer que : $\dfrac{\sqrt{x}}{x^2 - x + 1} - \dfrac{4}{3}\sqrt{x} \leqslant 0$

On a :
$$\frac{\sqrt{x}}{x^2 - x + 1} - \frac{4}{3}\sqrt{x} = \frac{3\sqrt{x} - 4\sqrt{x}(x^2 - x + 1)}{3(x^2 - x + 1)}$$
$$= \frac{3\sqrt{x} - 4x^2\sqrt{x} + 4x\sqrt{x} - 4\sqrt{x}}{3(x^2 - x + 1)}$$
$$= \frac{-\sqrt{x} - 4x^2\sqrt{x} + 4x\sqrt{x}}{3(x^2 - x + 1)}$$
$$= \frac{-\sqrt{x}(1 + 4x^2 - 4x)}{3(x^2 - x + 1)}$$
$$= \frac{-\sqrt{x}\,.\,(2x - 1)^2}{3(x^2 - x + 1)}$$

On a : $\forall x \in \mathbb{R}^+$; $\sqrt{x} \geqslant 0$ et $(2x-1)^2 \geqslant 0$

et $(x^2 - x + 1) > 0$

Donc $\forall x \in \mathbb{R}^+$; $\dfrac{-\sqrt{x}(2x-1)^2}{3(x^2 - x + 1)} \leqslant 0$

Alors : $\dfrac{\sqrt{x}}{x^2 - x + 1} - \dfrac{4}{3}\sqrt{x} \leqslant 0$

$\Leftrightarrow \dfrac{\sqrt{x}}{x^2 - x + 1} \leqslant \dfrac{4}{3}\sqrt{x}$; $\forall x \in \mathbb{R}^+$.

Figure 3.63 – Équivalence - Exercice 22

Exercice : Soit $x \in \mathbb{R}^+$;

Montrer que : $\sqrt{2x+2} - \sqrt{x} = 1 \iff x = 1$

Solution : Soit $x \in \mathbb{R}^+$;

$\Leftarrow$) Soit $x = 1$; montrons que : $\sqrt{2x+2} - \sqrt{x} = 1$

On a : $\sqrt{2x+2} - \sqrt{x} = \sqrt{2\times 1+2} - \sqrt{1}$

$$= \sqrt{4} - 1$$
$$= 2 - 1$$
$$= 1$$

$\Rightarrow$) Montrons que si $\sqrt{2x+2} - \sqrt{x} = 1 \Rightarrow x = 1$

On a : $\sqrt{2x+2} - \sqrt{x} = 1 \Rightarrow \sqrt{2x+2} = 1 + \sqrt{x}$

$$\Rightarrow \left(\sqrt{2x+2}\right)^2 = \left(1+\sqrt{x}\right)^2$$
$$\Rightarrow 2x+2 = 1 + 2\sqrt{x} + x$$
$$\Rightarrow 2x - x - 2\sqrt{x} + 2 - 1 = 0$$
$$\Rightarrow x - 2\sqrt{x} + 1 = 0$$
$$\Rightarrow (\sqrt{x})^2 - 2(\sqrt{x}).1 + 1^2 = 0$$
$$\Rightarrow (\sqrt{x} - 1)^2 = 0$$
$$\Rightarrow \sqrt{x} - 1 = 0$$
$$\Rightarrow \sqrt{x} = 1$$
$$\Rightarrow x = 1$$

Figure 3.64 – ÉQUIVALENCE - EXERCICE 23

Exercice :

Montrer que : $\forall (x;y;z) \in \mathbb{R}^3$;

$$x + y + z = 0 \iff x^3 + y^3 + z^3 = 3xyz$$

Solution :

Soit $(x;y;z) \in \mathbb{R}^3$

On a : $(x+y+z)^3 = \left((x+y)+z\right)^3$

$$= (x+y)^3 + 3(x+y)^2 z + 3(x+y)z^2 + z^3$$

$$= x^3 + 3x^2y + 3xy^2 + y^3 + 3(x+y)^2 z + 3(x+y)z^2 + z^3$$

$$= (x^3 + y^3 + z^3) + 3xy(x+y) + 3(x+y)z(x+y+z)$$

On a. $x + y + z = 0 \iff x + y = -z$

Donc : $(x+y+z)^3 = (x^3+y^3+z^3) + 3xy(x+y) + 3(x+y)z(x+y+z)$

$$\iff \quad 0^3 = (x^3+y^3+z^3) + 3xy(-z) + 3(-z)z(0)$$

$$\iff \quad 0 = x^3+y^3+z^3 - 3xyz + 0$$

$$\iff \quad 0 = x^3+y^3+z^3 - 3xyz$$

$$\iff \quad x^3+y^3+z^3 = 3xyz$$

Donc : $\forall (x;y;z) \in \mathbb{R}^3$;

$$x + y + z = 0 \iff x^3 + y^3 + z^3 = 3xyz$$

FIGURE 3.65 – ÉQUIVALENCE - EXERCICE 24

Exercice :

Résoudre dans $\mathbb{R}^2$ le système suivant :

$$(S) : \begin{cases} 3x - y = 4 \\ x^2 - y^2 = 0 \end{cases}$$

Solution :

Soit $(x, y) \in \mathbb{R}^2$

soit $(x;y)$ les solutions du système (S).

Donc. $3x - y = 4$ et $x^2 - y^2 = 0$

$\iff 3x - y = 4$ et $(x-y)(x+y) = 0$

$\iff 3x - y = 4$ et $(x - y = 0$ ou $x + y = 0)$

$\iff (3x - y = 4$ et $x - y = 0)$ ou $(3x - y = 4$ et $x + y = 0)$

$\iff (3x - y = 4$ et $x = y)$ ou $(3x - y = 4$ et $x = -y)$

$\iff (3x - x = 4$ et $x = y)$ ou $(3x + x = 4$ et $x = -y)$

$\iff (2x = 4$ et $x = y)$ ou $(4x = 4$ et $x = -y)$

$\iff (x = 2$ et $x = y)$ ou $(x = 1$ et $x = -y)$

$\iff (x = 2$ et $y = 2)$ ou $(x = 1$ et $y = -1)$

Donc : $S = \{(2;2) ; (1;-1)\}$

FIGURE 3.66 – ÉQUIVALENCE - EXERCICE 25

Exercice :

Montrer que : $\forall x>0 : \quad x+\frac{1}{x} \geq 2$

Solution :

On a : $\forall x>0 : \quad x+\frac{1}{x}-2 = \frac{x^2-2x+1}{x}$

$$= \frac{(x-1)^2}{x}$$

On a : $x>0 \iff \frac{1}{x}>0$

$$\iff \frac{1}{x}(x-1)^2 \geq 0$$

$$\iff x+\frac{1}{x}-2 \geq 0$$

$$\iff x+\frac{1}{x} \geq 2$$

Car : $\forall x\in\mathbb{R} ; \quad (x-1)^2 \geq 0$.

Donc :

$$\forall x>0 : \quad x+\frac{1}{x} \geq 2$$

FIGURE 3.67 – ÉQUIVALENCE - EXERCICE 26

3.1.5 ABSURDE

Le raisonnement par l'absurde est une des formes de raisonnement les plus fameuses. Son principe paraît de prime abord contraire à l'intuition, puisque qu'il s'agit de débuter la démonstration en supposant l'inverse de ce qu'on souhaite démontrer. . .

Il n'y a pourtant rien de magique là-dedans, comme le montrera ce tutoriel. En décortiquant le raisonnement par l'absurde, nous ferons en sorte qu'il n'ait plus de secret pour vous.

Nous commencerons par quelques rappels de logique, utiles pour bien comprendre ce qui justifie le raisonnement par l'absurde qui est présenté ensuite. Nous enchaînerons avec un exemple en démontrant par l'absurde l'irrationalité de $\sqrt{2}$
En mathématique, on appelle contradiction une proposition qui est fausse. Par exemple, démontrer une propriété A et sa négation est une contradiction, car $(Aet(nonA))$ est toujours faux.

Pour désigner une contradiction, on parle aussi parfois d'absurdité, ce qui donne son nom au raisonnement par l'absurde, dont le cœur consiste à trouver une contradiction.

Principe

On s'intéresse à deux propositions A et B et on veut démontrer que A implique B (autrement dit, si A est vraie, alors B l'est aussi).

Le raisonnement par l'absurde consiste à supposer que A est vraie et que B est fausse. On aboutit alors à une contradiction, ce qui entraîne que B doit être nécessairement vraie.

On suppose que le contraire de la conclusion est vrai.

On aboutit à une contradiction.

On en déduit que notre hypothèse de départ est fausse.

On conclut donc que la proposition de départ est vraie.

Remarque

Parfois, on peut raisonner par l'absurde, parce que c'est plus simple ou parce que c'est la première idée qui nous est venue. Cependant, un cas intéressant est de raisonner par l'absurde quand on n'a rien de concret pour débuter la démonstration.

Certains types de propositions sont naturellement définies par négation et peuvent être difficile à aborder sans raisonner par l'absurde. Elles ne disent que ce qui n'est pas. On en a vu un exemple avec les nombres irrationnels, qui ne sont simplement pas rationnels. On peut aussi citer la preuve pas l'absurde de l'infinité des nombres premiers, qui dit juste que leur nombre n'est pas fini.

Pour de telles propositions, raisonner par l'absurde permet d'obtenir un fil sur lequel tirer pour poursuivre la démonstration. Dans le cas de l'irrationalité de $\sqrt{2}$, cela donnait une expression du nombre qu'on peut manipuler à notre guise. Dans le cas des nombres premiers, raisonner par l'absurde permet d'avoir une collection hypothétique de tous les nombres premiers qu'on utilise comme matière première pour fabriquer de nouveaux nombres.

Plus généralement, le raisonnement par l'absurde est utile quand la propriété à prouver est assez abstraite et sa négation plus concrète.

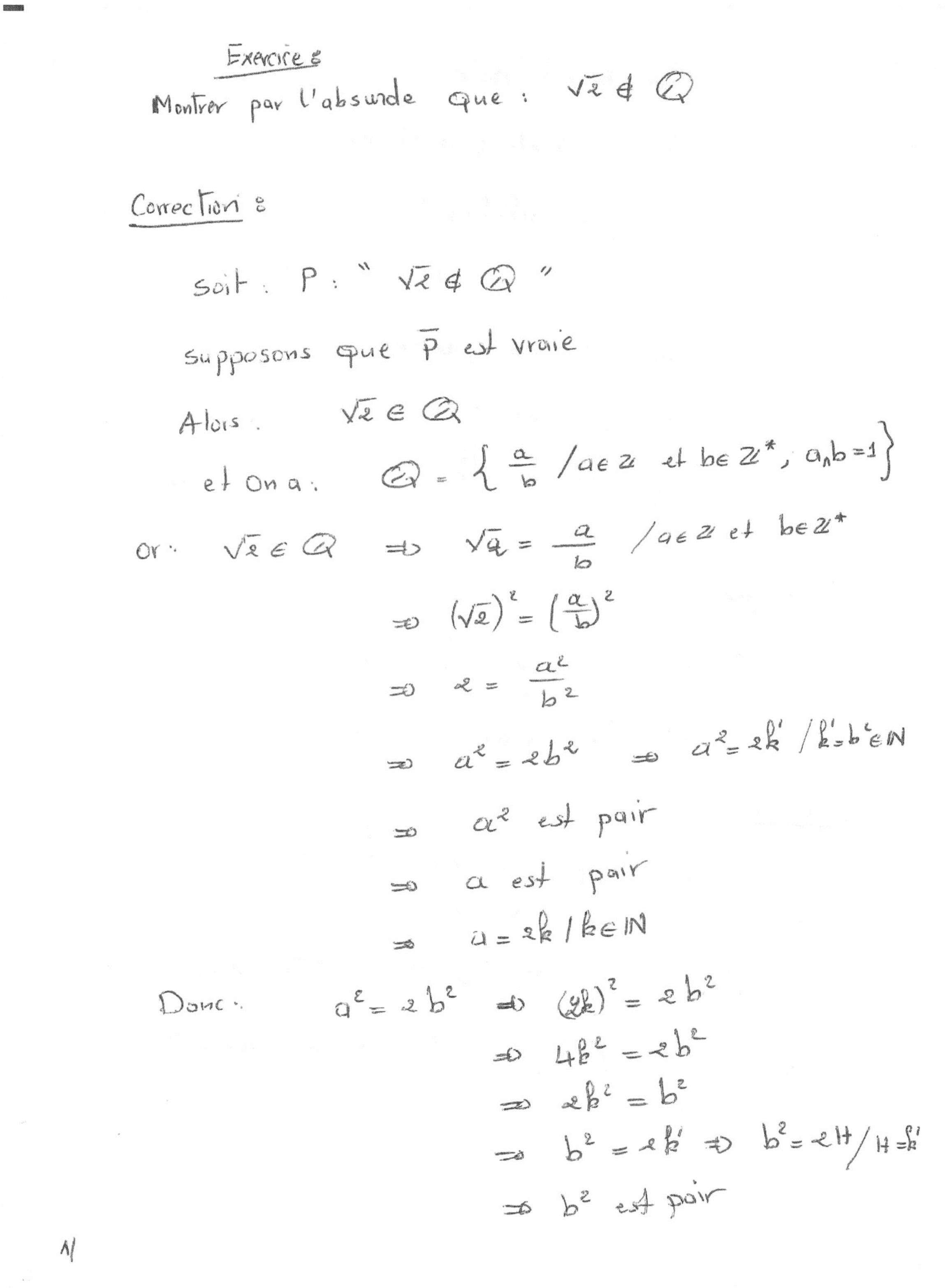

Exercice :

Montrer par l'absurde que : $\sqrt{2} \notin \mathbb{Q}$

Correction :

soit : P : " $\sqrt{2} \notin \mathbb{Q}$ "

supposons que $\overline{P}$ est vraie

Alors : $\sqrt{2} \in \mathbb{Q}$

et On a : $\mathbb{Q} = \left\{ \frac{a}{b} / a \in \mathbb{Z} \text{ et } b \in \mathbb{Z}^*, a \wedge b = 1 \right\}$

Or : $\sqrt{2} \in \mathbb{Q} \Rightarrow \sqrt{2} = \frac{a}{b}$ / $a \in \mathbb{Z}$ et $b \in \mathbb{Z}^*$

$\Rightarrow (\sqrt{2})^2 = \left(\frac{a}{b}\right)^2$

$\Rightarrow 2 = \frac{a^2}{b^2}$

$\Rightarrow a^2 = 2b^2 \Rightarrow a^2 = 2k' / k' = b^2 \in \mathbb{N}$

$\Rightarrow a^2$ est pair

$\Rightarrow a$ est pair

$\Rightarrow a = 2k / k \in \mathbb{N}$

Donc : $a^2 = 2b^2 \Rightarrow (2k)^2 = 2b^2$

$\Rightarrow 4k^2 = 2b^2$

$\Rightarrow 2k^2 = b^2$

$\Rightarrow b^2 = 2k' \Rightarrow b^2 = 2H / H = k'$

$\Rightarrow b^2$ est pair

1/

FIGURE 3.68 – ABSURDE - EXERCICE 01

$\Rightarrow$ b est pair

$\Rightarrow$ a et b sont pairs

Contradiction !

Cas : $a \wedge b = 1$

$\Rightarrow$ $\overline{P}$ est fausse

$\Rightarrow$ P est vraie

$\Rightarrow$ $\sqrt{2} \notin \mathbb{Q}$ ∎

Exercice :

Montrer par l'absurde que :

P : " $(\forall n \in \mathbb{N}^*) : \sqrt{\frac{n}{n+1}} \notin \mathbb{Q}$ ".

Correction :

On suppose que P est fausse.

Alors : $\overline{P}$ est vraie :

Donc : $\sqrt{\frac{n}{n+1}} \in \mathbb{Q}$; $(\exists n \in \mathbb{N})$

Alors : $\sqrt{\frac{n}{n+2}} = \frac{p}{q}$ / $p \in \mathbb{Z}$; $q \in \mathbb{Z}^*$

21

FIGURE 3.69 – ABSURDE - EXERCICE 02

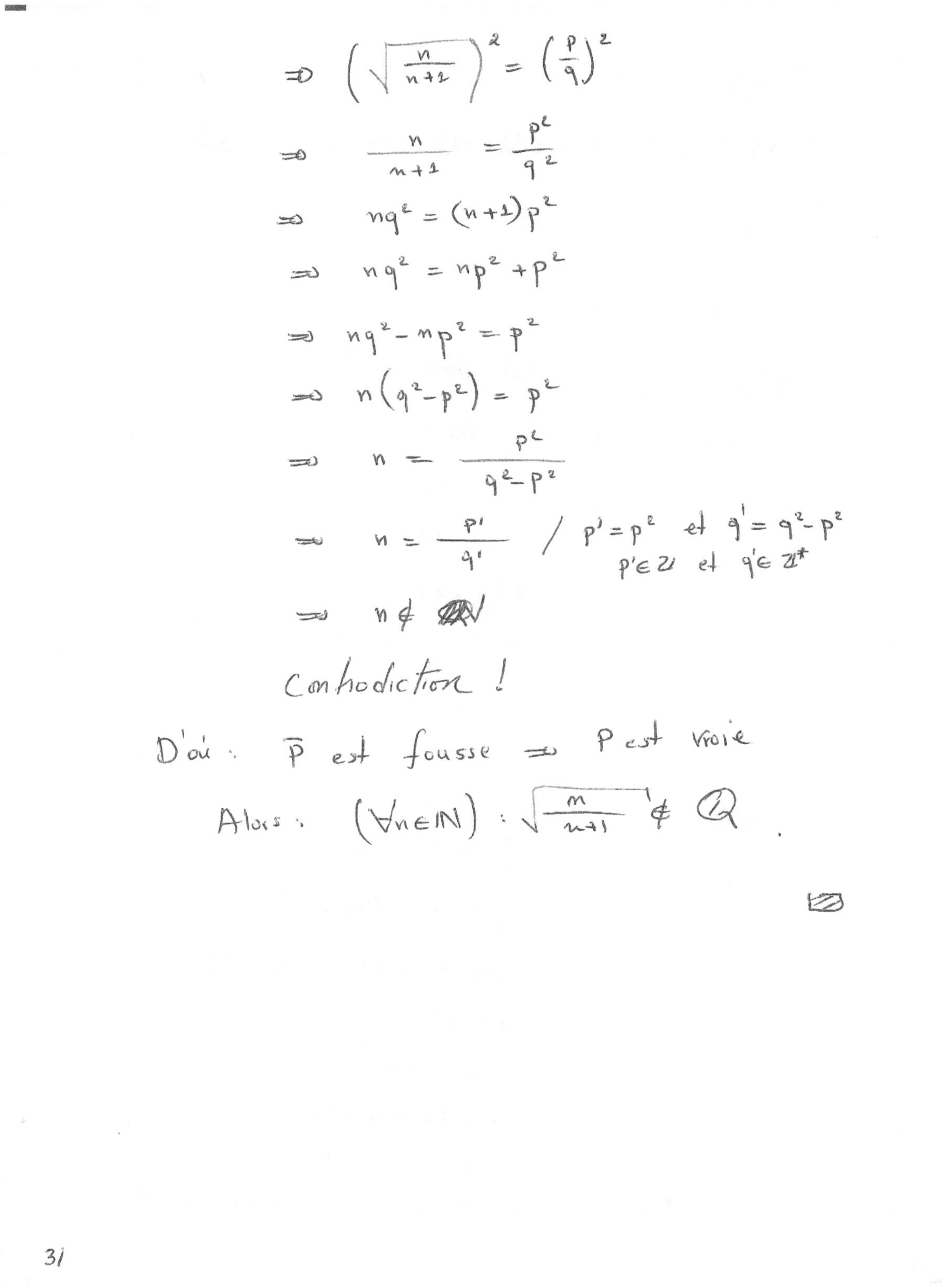

$$\Rightarrow \left(\sqrt{\frac{n}{n+1}}\right)^2 = \left(\frac{p}{q}\right)^2$$

$$\Rightarrow \frac{n}{n+1} = \frac{p^2}{q^2}$$

$$\Rightarrow nq^2 = (n+1)p^2$$

$$\Rightarrow nq^2 = np^2 + p^2$$

$$\Rightarrow nq^2 - np^2 = p^2$$

$$\Rightarrow n(q^2 - p^2) = p^2$$

$$\Rightarrow n = \frac{p^2}{q^2 - p^2}$$

$$\Rightarrow n = \frac{p'}{q'} \;/\; p' = p^2 \text{ et } q' = q^2 - p^2, \quad p' \in \mathbb{Z} \text{ et } q' \in \mathbb{Z}^*$$

$$\Rightarrow n \notin \mathbb{N}$$

Contradiction !

D'où : $\overline{P}$ est fausse $\Rightarrow$ P est vraie

Alors : $(\forall n \in \mathbb{N}) : \sqrt{\frac{n}{n+1}} \notin \mathbb{Q}$.

31

Figure 3.70 – ABSURDE - EXERCICE 03

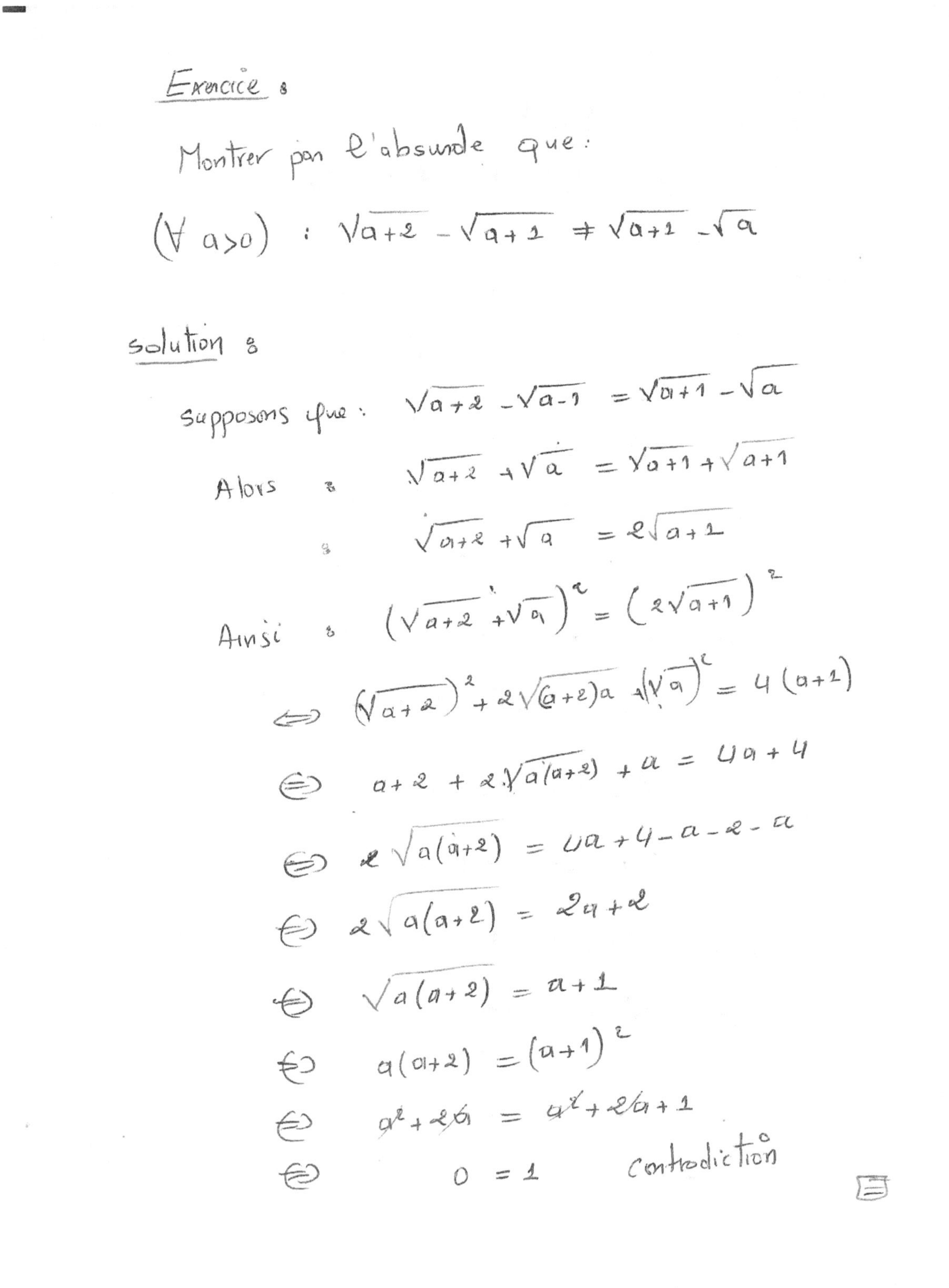

Exercice :

Montrer par l'absurde que :

$(\forall\, a>0)$: $\sqrt{a+2}-\sqrt{a+1} \neq \sqrt{a+1}-\sqrt{a}$

solution :

Supposons que : $\sqrt{a+2}-\sqrt{a-1} = \sqrt{a+1}-\sqrt{a}$

Alors : $\sqrt{a+2}+\sqrt{a} = \sqrt{a+1}+\sqrt{a+1}$

: $\sqrt{a+2}+\sqrt{a} = 2\sqrt{a+1}$

Ainsi : $(\sqrt{a+2}+\sqrt{a})^2 = (2\sqrt{a+1})^2$

$\Leftrightarrow (\sqrt{a+2})^2 + 2\sqrt{(a+2)a}\ (\sqrt{a})^2 = 4(a+1)$

$\Leftrightarrow a+2+2\sqrt{a(a+2)}+a = 4a+4$

$\Leftrightarrow 2\sqrt{a(a+2)} = 4a+4-a-2-a$

$\Leftrightarrow 2\sqrt{a(a+2)} = 2a+2$

$\Leftrightarrow \sqrt{a(a+2)} = a+1$

$\Leftrightarrow a(a+2) = (a+1)^2$

$\Leftrightarrow a^2+2a = a^2+2a+1$

$\Leftrightarrow 0 = 1$ contradiction

FIGURE 3.71 – ABSURDE - EXERCICE 04

Exercice :

Montrer par l'absurde que :

$$P : \text{"} (\forall x \in \mathbb{R}^*) : \sqrt{1+x^2} \neq 1 + \frac{x^2}{2} \text{"}$$

Solution :

supposons que P est fausse.

Donc $\overline{P}$ est vraie $\Rightarrow \sqrt{1+x^2} = 1 + \frac{x^2}{2}$

Comme : $\sqrt{1+x^2} = 1 + \frac{x^2}{2}$

$$\Leftrightarrow \sqrt{1+x^2} - \left(1 + \frac{x^2}{2}\right) = 0$$

$$\Leftrightarrow \frac{2\sqrt{1+x^2} - 2 - x^2}{2} = 0$$

$$\Leftrightarrow x^2 - 2\sqrt{1+x^2} + 2 = 0$$

$$\Leftrightarrow (x^2+1) - 2\sqrt{1+x^2} + 2 - 1 = 0$$

$$\Leftrightarrow \left(\sqrt{1+x^2}\right)^2 - 2\sqrt{1+x^2} + 1 = 0$$

$$\Leftrightarrow \left(\sqrt{1+x^2} - 1\right)^2 = 0$$

$$\Leftrightarrow \sqrt{1+x^2} - 1 = 0$$

$$\Leftrightarrow \sqrt{1+x^2} = 1$$

$$\Leftrightarrow 1 + x^2 = 1$$

$$\Leftrightarrow x^2 = 0$$

$$\Leftrightarrow x = 0 \quad \text{Contradiction ! } ; (x \in \mathbb{R}^*)$$

$\blacksquare$

FIGURE 3.72 – ABSURDE - EXERCICE 05

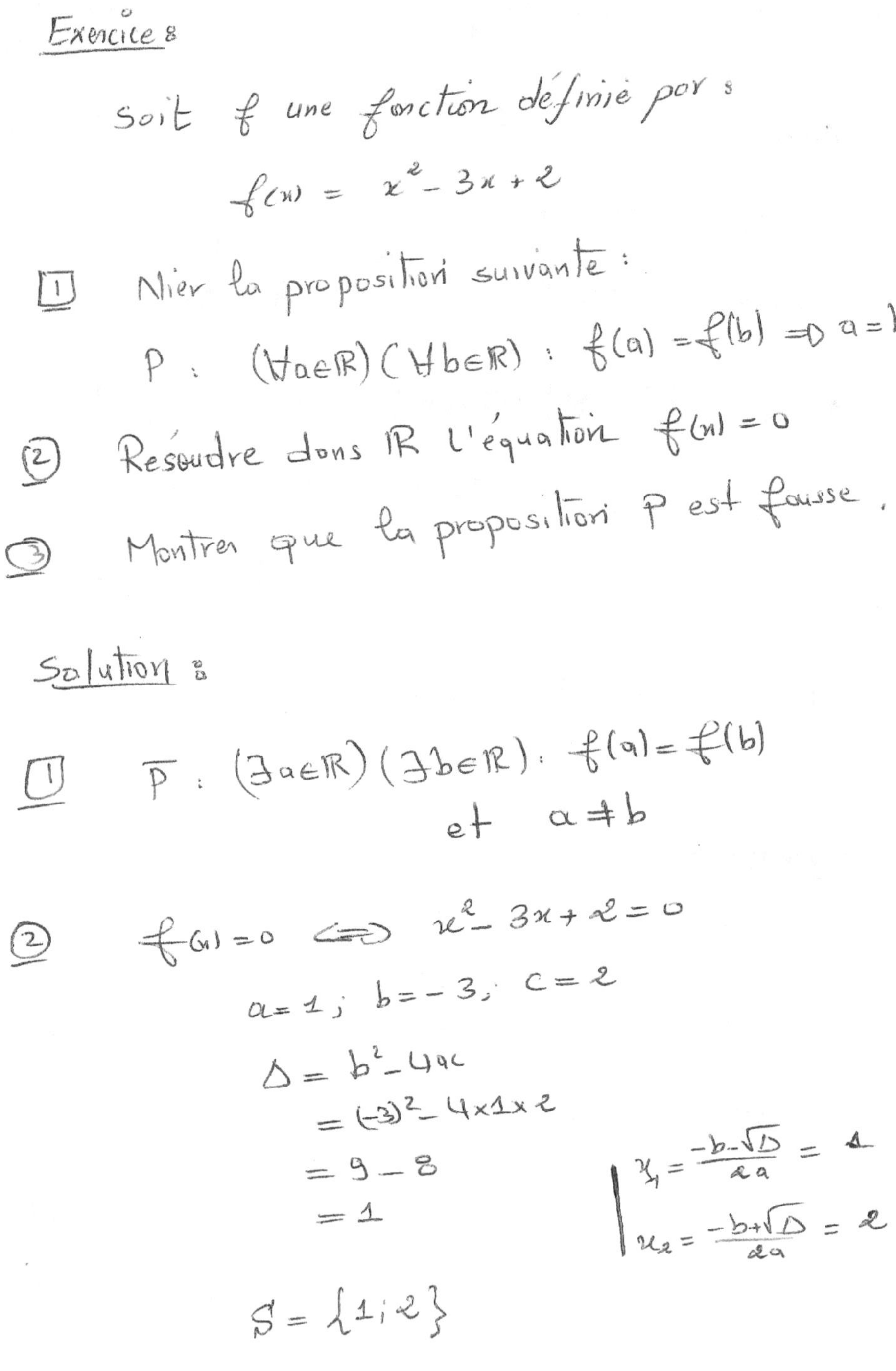

Exercice 8

Soit f une fonction définie par :

$$f(x) = x^2 - 3x + 2$$

1. Nier la proposition suivante :

P : $(\forall a \in \mathbb{R})(\forall b \in \mathbb{R})$: $f(a) = f(b) \Rightarrow a = b$"

2. Résoudre dans $\mathbb{R}$ l'équation $f(x) = 0$

3. Montrer que la proposition P est fausse.

Solution :

1. $\overline{P}$: $(\exists a \in \mathbb{R})(\exists b \in \mathbb{R})$: $f(a) = f(b)$ et $a \neq b$

2. $f(x) = 0 \Leftrightarrow x^2 - 3x + 2 = 0$

$a = 1$; $b = -3$; $c = 2$

$\Delta = b^2 - 4ac$
$= (-3)^2 - 4 \times 1 \times 2$
$= 9 - 8$
$= 1$

$x_1 = \frac{-b - \sqrt{\Delta}}{2a} = 1$

$x_2 = \frac{-b + \sqrt{\Delta}}{2a} = 2$

$S = \{1 ; 2\}$

FIGURE 3.73 – ABSURDE - EXERCICE 06

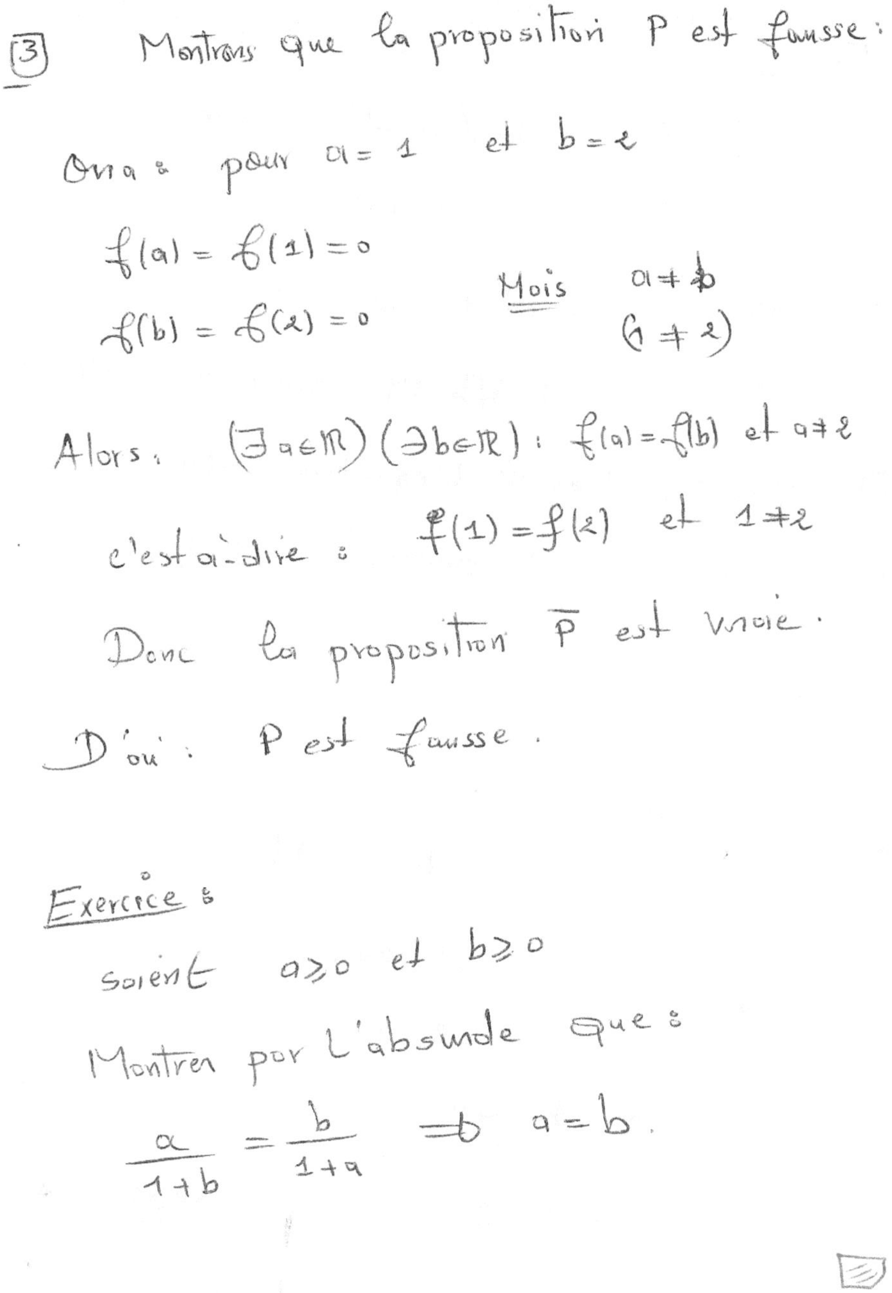

3 Montrons que la proposition P est fausse :

On a : pour $a = 1$ et $b = 2$

$f(a) = f(1) = 0$

$f(b) = f(2) = 0$ Mais $a \neq b$ $(1 \neq 2)$

Alors : $(\exists a \in \mathbb{R})(\exists b \in \mathbb{R}) : f(a) = f(b)$ et $a \neq b$

c'est-à-dire : $f(1) = f(2)$ et $1 \neq 2$

Donc la proposition $\overline{P}$ est vraie.

D'où : P est fausse.

Exercice :

Soient $a \geq 0$ et $b \geq 0$

Montrer par l'absurde que :

$$\frac{a}{1+b} = \frac{b}{1+a} \Rightarrow a = b.$$

FIGURE 3.74 – ABSURDE - EXERCICE 07

Solution :

Soit $a \geq 0$ et $b \geq 0$

Montrons par l'absurde que :

$$(P) : \frac{a}{1+b} = \frac{b}{1+a} \Rightarrow a = b$$

Supposons que P est fausse.

Donc $\overline{P}$ est vraie

Alors : $\overline{P}$: $\frac{a}{1+b} = \frac{b}{1+a}$ et $a \neq b$

On a. $\frac{a}{1+b} = \frac{b}{1+a}$ et $a \neq b$

$\Rightarrow a(1+a) = b(1+b)$ et $a \neq b$

$\Rightarrow a + a^2 = b + b^2$ et $a \neq b$

$\Rightarrow a^2 - b^2 + a - b = 0$ et $a \neq b$

$\Rightarrow (a-b)(a+b) + (a-b) = 0$ et $a \neq b$

$\Rightarrow (a-b)(1+a+b) = 0$ et $a \neq b$

$\Rightarrow (a-b=0$ ou $a+b+1=0)$ et $a \neq b$

$\Rightarrow (a=b$ et $a \neq b)$ ou $(a+b=-1$ et $a \neq b)$

Puisque $a \geq 0$ et $b \geq 0$ Donc $a+b \geq 0$

— — —

FIGURE 3.75 – ABSURDE - EXERCICE 08

Exercice :

Soit $f : \mathbb{R} \longrightarrow \mathbb{R}$ une application

Vérifiant : $\forall (x;y) \in \mathbb{R}^2 : f(x)f(y) - f(xy) = x + y \; (*)$

1/ Calculer $f(0)$

2/ Montrer que la proposition " $f(0)=0$ " est fausse.

3/ Déduire toutes les applications vérifient $(*)$.

Solution :

1/ Pour $x = y = 0$:

on a : $f(0)f(0) - f(0\times 0) = 0 + 0$

$\Leftrightarrow f^2(0) - f(0) = 0$

$\Leftrightarrow f(0)(f(0) - 1) = 0$

$\Leftrightarrow f(0) = 0$ ou $f(0) - 1 = 0$

$\Leftrightarrow f(0) = 0$ ou $f(0) = 1$

2/ Montrons que " $f(0)=0$ " est fausse :

Supposons que " $f(0)=0$ " est vraie.

Donc, on prend $x = 0$ et $y = 1$.

$f(0)\times f(1) - f(0\times 1) = 0 + 1$

FIGURE 3.76 – ABSURDE - EXERCICE 09

$\Leftrightarrow \quad f(0)f(1) - f(0) = 1$

$\Leftrightarrow \quad 0 \times f(1) - 0 = 1$

$\Leftrightarrow \quad 0 - 0 = 1$

$\Leftrightarrow \quad$ "$0 = 1$" fausse.

Donc : La proposition "$f(0)=0$" est fausse.

3/ Puisque "$f(0)=0$" est fausse.

Donc. $f(0) = 1$.

soit : $y = 0$

la relation $(*)$ devient :

$$f(x)f(0) - f(0) = x + 0$$

Donc : $f(x) - 1 = x$

D'où : $f(x) = x + 1$, pour $x \in \mathbb{R}$.

Alors $(\forall x \in \mathbb{R}) : f(x) = x + 1$.

FIGURE 3.77 – ABSURDE - EXERCICE 10

Exercice : Sachant que $\sqrt{30} \notin \mathbb{Q}$.

Montrer par l'absurde que : $\sqrt{2}+\sqrt{3}+\sqrt{5} \notin \mathbb{Q}$.

Solution :

supposons que : $\sqrt{2}+\sqrt{3}+\sqrt{5} \in \mathbb{Q}$

posons : $\sqrt{2}+\sqrt{3}+\sqrt{5} = q$ avec $q \in \mathbb{Q}$.

Donc : $\sqrt{2}+\sqrt{3} = q - \sqrt{5}$

$$\Rightarrow (\sqrt{2}+\sqrt{3})^2 = (q-\sqrt{5})^2$$

$$\Rightarrow 2+3+2\sqrt{6} = q^2 + 5 - 2\sqrt{5}q$$

$$\Rightarrow 2\sqrt{6} + 2\sqrt{5}q = q^2$$

$$\Rightarrow (2\sqrt{6}+2\sqrt{5}q)^2 = q^4$$

$$\Rightarrow 24 + 8\sqrt{30}q + 20q^2 = q^4$$

$$\Rightarrow \sqrt{30} = \frac{q^4 - 20q^2 - 24}{8q}$$

Comme $q \in \mathbb{Q} \Rightarrow \dfrac{q^4-20q^2-24}{8q} \in \mathbb{Q}$

Donc : $\sqrt{30} \in \mathbb{Q}$ Absurde.

Conclusion : $\sqrt{2}+\sqrt{3}+\sqrt{5} \notin \mathbb{Q}$.

FIGURE 3.78 – ABSURDE - EXERCICE 11

Exercice :

On considère la fonction f définie sur $\mathbb{R}$

par : $f(x) = x^2 + 2x$

1/ Montrer que f n'est pas paire

2/ Montrer qu'il n'existe aucun réel positif M

tel que : $(\forall x \in \mathbb{R})$; $f(x) \leq M$.

Solution :

1/ soit $f(x) = x^2 + 2x$

si f est paire, alors $(\forall x \in \mathbb{R})$:

$$f(-x) = f(x).$$

or pour : $x = 1$

on obtient : $f(-1) = -1$ et $f(1) = 3$

Donc : $f(-1) \neq f(1)$

Alors f ~~est~~ n'est pas paire.

2/ Supposons qu'il existe un réel positif M

tel que : $(\forall x \in \mathbb{R})$; $f(x) \leq M$.

On a : $\forall x \in \mathbb{R}$; $f(x) \leq M \Rightarrow x^2 + 2x \leq M$

$\Rightarrow x^2 + 2x + 1 \leq M + 1$

FIGURE 3.79 – ABSURDE - EXERCICE 12

$$\Rightarrow (x+1)^2 \leqslant M+1$$

$$\Rightarrow |x+1| \leqslant \sqrt{M+1}$$

$$\Rightarrow -\sqrt{M+1} \leqslant x+1 \leqslant \sqrt{M+1}$$

$$\Rightarrow -\sqrt{M+1}-1 \leqslant x \leqslant \sqrt{M+1}-1$$

Ceci est une contradiction ;

Car il suffit de prendre par exemple :

$$x = \sqrt{M+1}.$$

Conclusion : il n'existe aucun réel positif M tel que : $(\forall x \in \mathbb{R})$; $f(x) \leqslant M$.

FIGURE 3.80 – ABSURDE - EXERCICE 13

Exercice :

Soit a, b et c trois réels strictement positif

Vérifiant : $a+b+c < \frac{1}{a} + \frac{1}{b} + \frac{1}{c}$ et $abc > 1$

1/ Montrer que tous les nombres a, b et c sont distincts de 1.

2/ Montrer qu'au moins un des nombres a, b et c est inférieur à 1.

Solution :

Soit a, b et $c \in \mathbb{R}_*^+$, $a+b+c < \frac{1}{a} + \frac{1}{b} + \frac{1}{c}$ et $abc > 1$

1/ Montrons que tous les nombres a, b et c sont distincts de 1 :

Par l'absurde, supposons que : $a = 1$ ou $b = 1$ ou $c = 1$

Supposons par exemple que $a = 1$.

Donc : $\begin{cases} abc > 1 \Leftrightarrow bc > 1 \\ \text{et} \\ a+b+c < \frac{1}{a} + \frac{1}{b} + \frac{1}{c} \Leftrightarrow b+c < \frac{1}{b} + \frac{1}{c} \end{cases}$

$\Leftrightarrow \begin{cases} bc > 1 \\ \text{et} \\ b+c < \frac{c+b}{bc} \end{cases} \Leftrightarrow \begin{cases} bc > 1 \\ \text{et} \\ (b+c)bc < b+c \end{cases}$

$\Leftrightarrow \begin{cases} bc > 1 \\ \text{et} \\ bc < \frac{b+c}{b+c} \end{cases}$ $(b+c>0) \Leftrightarrow \begin{cases} bc > 1 \\ \text{et} \\ bc < 1 \end{cases}$

Ce qui est absurde.

FIGURE 3.81 – ABSURDE - EXERCICE 14

On aboutit à la même conclusion,

si on suppose que $b = 1$ ou $c = 1$.

Donc, tous les nombres a, b et c sont distincts de 1.

2/ Montrons qu'au moins un des nombres a, b et c est inférieur à 1.

Par l'absurde, supposons que :

$$\text{Alors : } \begin{cases} a \geq 1 \quad \text{et} \quad b \geq 1 \quad \text{et} \quad c \geq 1 \\ \frac{1}{a} \leq 1 \quad \text{et} \quad \frac{1}{b} \leq 1 \quad \text{et} \quad \frac{1}{c} \leq 1 \end{cases}$$

$$\text{Donc : } \begin{cases} a + b + c \geq 1 + 1 + 1 \\ \frac{1}{a} + \frac{1}{b} + \frac{1}{c} \leq 1 + 1 + 1 \end{cases}$$

$$\Leftrightarrow \begin{cases} a + b + c \geq 3 \\ \frac{1}{a} + \frac{1}{b} + \frac{1}{c} \leq 3 \end{cases}$$

$$\Leftrightarrow \boxed{\frac{1}{a} + \frac{1}{b} + \frac{1}{c} \leq a + b + c}$$

Contradiction

Car : $a + b + c < \frac{1}{a} + \frac{1}{b} + \frac{1}{c}$.

FIGURE 3.82 – ABSURDE - EXERCICE 15

Exercice :

Montrer que : $\sqrt{2}+\sqrt{3} \notin \mathbb{Q}$

Solution :

soit P : " $\sqrt{2}+\sqrt{3} \notin \mathbb{Q}$ "

supposons que P est fausse.

Alors : $\overline{P}$ est vraie.

Donc : $\sqrt{2}+\sqrt{3} \in \mathbb{Q}$

D'où : $\exists p \in \mathbb{Z}$ et $\exists q \in \mathbb{Z}^*$:

$$\sqrt{2}+\sqrt{3} = \frac{p}{q}$$

$$\Rightarrow \left(\sqrt{2}+\sqrt{3}\right)^2 = \frac{p^2}{q^2}$$

$$\Rightarrow \left(\sqrt{2}\right)^2 + 2\sqrt{6} + \left(\sqrt{3}\right)^2 = \frac{p^2}{q^2}$$

$$\Rightarrow 2+3+2\sqrt{6} = \frac{p^2}{q^2}$$

$$\Rightarrow 5+2\sqrt{6} = \frac{p^2}{q^2}$$

$$\Rightarrow 2\sqrt{6} = \frac{p^2}{q^2} - 5$$

$$\Rightarrow 2\sqrt{6} = \frac{p^2-5q^2}{q^2}$$

$$\Rightarrow \sqrt{6} = \frac{p^2-5q^2}{2q^2} = \frac{p'}{q'} \ / \ p' \in \mathbb{Z} ; q' \in \mathbb{Z}^*$$

$\Rightarrow \sqrt{6} \in \mathbb{Q}$; contradiction !

$(\sqrt{6} = \sqrt{2}.\sqrt{3} \in \mathbb{Q})$.

FIGURE 3.83 – ABSURDE - EXERCICE 16

3.1.6 RÉCURRENCE

En mathématiques, le raisonnement par récurrence est une forme de raisonnement visant à démontrer une propriété portant sur tous les entiers naturels. Le raisonnement par récurrence consiste à démontrer les points suivants :

Une propriété est satisfaite par l'entier 0 ;

Si cette propriété est satisfaite par un certain nombre entier naturel n, alors elle doit être satisfaite par son successeur, c'est-à-dire, le nombre entier n+1.

Une fois cela établi, on en conclut que cette propriété est vraie pour tous les nombres entiers naturels.

Le raisonnement par récurrence établit une propriété importante liée à la structure des entiers naturels : celle d'être construits à partir de 0 en itérant le passage au successeur. Dans une présentation axiomatique des entiers naturels, il est directement formalisé par un axiome. Moyennant certaines propriétés des entiers naturels, il est équivalent à d'autres propriétés de ceux-ci, en particulier l'existence d'un minimum à tout ensemble non vide (bon ordre), ce qui permet donc une axiomatisation alternative reposant sur cette propriété.

Certaines formes de ce raisonnement se généralisent d'ailleurs naturellement à tous les bons ordres infinis (pas seulement celui sur les entiers naturels), on parle alors de récurrence transfinie, de récurrence ordinale (tout bon ordre est isomorphe à un ordinal) ; le terme d'induction est aussi souvent utilisé dans ce contexte. Le raisonnement par récurrence peut se généraliser enfin aux relations bien fondées. Dans certains contextes, logique mathématique ou en informatique, pour des structures de nature arborescente ou ayant trait aux termes du langage formel sous-jacent, on parle de récurrence structurelle.

On parle communément de récurrence dans un contexte lié mais différent, celui des définitions par récurrence de suites (ou d'opérations) à argument entier. Si l'unicité de telles suites se démontre bien par récurrence, leur existence, qui est le plus souvent tacitement admise dans le secondaire, voire les premières années universitaires, repose sur un principe différent.

Principe

Pour démontrer une propriété portant sur tous les entiers naturels, comme par exemple la formule du binôme de Newton, on peut utiliser un raisonnement par récurrence. Notons la propriété en question P(n) pour indiquer la dépendance en l'entier n. On peut alors l'obtenir pour tout entier n en démontrant ces deux assertions :

P(0) (0 vérifie la propriété) : c'est l'initialisation de la récurrence ;

Pour tout entier n, $(P(n) \Rightarrow P(n+1))$: c'est l'hérédité.

On dit alors que la propriété P s'en déduit par récurrence pour tout entier n. On précise parfois « récurrence simple », quand il est nécessaire de distinguer ce raisonnement d'autres formes de récurrence

Le raisonnement par récurrence est une propriété fondamentale des entiers naturels, et c'est le principal des axiomes de Peano. Une axiomatique est, en quelque sorte une définition implicite, dans ce cas une définition implicite des entiers naturels. Dans certains contextes, comme en théorie des ensembles on déduit directement la récurrence de la définition, explicite cette fois, de l'ensemble des entiers naturels.

La récurrence peut aussi s'exprimer de façon ensembliste : il s'agit juste d'une variation sur la définition d'un ensemble en compréhension. On associe à une propriété P l'ensemble E des entiers naturels la vérifiant, et à un ensemble d'entiers naturels E la propriété.

Exercice :

Montrer que : $(\forall n \in \mathbb{N})$; $\sum_{k=0}^{n} 2^k = 2^{n+1} - 1$

Solution :

Montrons par récurrence que : $(\forall n \in \mathbb{N})$:

$$P(n) : \sum_{k=0}^{n} 2^k = 2^{n+1} - 1$$

* Pour $n = 0$: $P(0) : 1 = 2^{0+1} - 1 \Leftrightarrow 1 = 1$

* Supposons que : $\forall n \in \mathbb{N}$; $\sum_{k=0}^{n} 2^k = 2^{n+1} - 1$

et montrons que : $\forall n \in \mathbb{N}$; $\sum_{k=0}^{n+1} 2^k = 2^{n+2} - 1$

On a : $$\sum_{k=0}^{n+1} 2^k = \sum_{k=0}^{n} 2^k + 2^{n+1}$$

or : $$\sum_{k=0}^{n} 2^k = 2^{n+1} - 1$$

Donc : $$\sum_{k=0}^{n+1} 2^k = 2^{n+1} - 1 + 2^{n+1}$$

$$= 2^{n+1} + 2^{n+1} - 1$$

$$= 2 \times 2^{n+1} - 1$$

$$= 2^{n+2} - 1$$

D'où : $P(n) \Longrightarrow P(n+1)$

Donc : $(\forall n \in \mathbb{N})$; $\sum_{k=0}^{n} 2^k = 2^{n+1} - 1$

FIGURE 3.84 – RÉCURRENCE - EXERCICE 01

Exercice :

Montrer que : $(\forall n \in \mathbb{N})$; $n^3 - n$ est un multiple de 3

Solution :

Montrons par récurrence que $(\forall n \in \mathbb{N})$: $n^3 - n = 3k \,/\, k \in \mathbb{N}$

* Pour $n = 0$:

On a : $0^3 - 0 = 3k \iff 0 = 3k$

Donc : 0 est un multiple de 3.

* Supposons que : $(\forall n \in \mathbb{N})$, $n^3 - n = 3k \,/\, k \in \mathbb{N}$

et montrons que : $(n+1)^3 - (n+1) = 3k' \,/\, k' \in \mathbb{N}$.

On a :
$$\begin{aligned}
(n+1)^3 - (n+1) &= (n+1)\left((n+1)^2 - 1\right) \\
&= (n+1)(n^2 + 2n + 1 - 1) \\
&= (n+1)(n^2 + 2n) \\
&= n^3 + 2n^2 + n^2 + 2n \\
&= n^3 + 3n^2 + 2n \\
&= n^3 + 2n + 3n^2 \\
&= n^3 - n + 3n + 3n^2 \\
&= n^3 - n + 3(n + n^2) \\
&= 3k + 3(n + n^2) \\
&= 3(k + n + n^2) = 3k' \,/\, k' \in \mathbb{N}
\end{aligned}$$

FIGURE 3.85 – RÉCURRENCE - EXERCICE 02

Exercice :

Montrer par récurrence que :

$(\forall n \in \mathbb{N})$: 19 divise $3^{3n+2} + 5 \times 2^{3n+1}$

Solution :

soit $P(n) : (\forall n \in \mathbb{N})$; $A_n = 3^{3n+2} + 5 \times 2^{3n+1}$ divisible par 19

* Pour $n = 0$: $A_0 = 3^{3.0+2} + 5 \times 2^{3.0+1}$

$= 3^2 + 5 \times 2$

$= 9 + 10$

$= 19$

Donc : A_0 est divisible par 19.

* Soit $n \in \mathbb{N}$ fixé : supposons que 19 divise A_n.

* Montrons que : 19 divise A_{n+1}.

On a : $A_{n+1} = 3^{3n+5} + 5 \times 2^{3n+4}$

$= 3^3\, 3^{3n+2} + 5 \times 2^{3n+4}$

$= 27 \times 3^{3n+2} + 5 \times 2^{3n+4}$

On a : $3^{3n+2} = A_n - 5 \times 2^{3n+1}$

Donc $A_{n+1} = 27 \times (A_n - 5 \times 2^{3n+1}) + 5 \times 2^{3n+4}$

$= 27 A_n - 95 \times 2^{3n+1}$

FIGURE 3.86 – RÉCURRENCE - EXERCICE 03

Alors : $A_{n+1} = 27A_n - 95 \times 2^{3n+1}$

or, $A_n = 19k \ / k \in \mathbb{N}$.

Donc : $A_{n+1} = 27 \times 19k - 95 \times 2^{3n+1}$

$= 19\left(27k - 5 \times 2^{3n+1}\right)$

$= 19k'$

où : $k' = 27k - 5 \times 2^{3n+1}$

Donc : $A_{n+1} = 19k' \ / k' \in \mathbb{N}$.

D'où : 19 divise A_{n+1}.

Donc : $P(n) \Rightarrow P(n+1)$

Conclusion : $(\forall n \in \mathbb{N})$: $3^{3n+2} + 5 \times 2^{3n+1}$ est divisible par 19.

Figure 3.87 – RÉCURRENCE - EXERCICE 04

Exercice :

Soit : $A(n) = 3^{2n} - 2^{n}$; $n \in \mathbb{N}^*$

1) Montrer que $(\forall n \in \mathbb{N}^*)$: $A(n+1) = 2A(n) + 7 \times 3^{2n}$

2) Montrer par récurrence que :

$(\forall n \in \mathbb{N}^*)$: 7 divise $A(n)$.

Solution :

1) On a : $A(n) = 3^{2n} - 2^{n}$, $n \in \mathbb{N}^*$

Alors :
$$\begin{aligned}
A(n+1) &= 3^{2(n+1)} - 2^{n+1} \\
&= 3^{2n+2} - 2^{n+1} \\
&= 3^{2n} \times 3^{2} - 2^{n} \times 2 \\
&= 3^{2n} \times 9 - 2^{n} \times 2 \\
&= 3^{2n}(7+2) - 2^{n} \times 2 \\
&= 3^{2n} \times 7 + 3^{2n} \times 2 - 2^{n} \times 2 \\
&= 3^{2n} \times 7 + 2(3^{2n} - 2^{n}) \\
&= 3^{2n} \times 7 + 2A(n) \\
&= 2A(n) + 3^{2n} \times 7 \\
&= 2A(n) + 7 \times 3^{2n}
\end{aligned}$$

Donc : $A(n+1) = 2A(n) + 7 \times 3^{2n}$.

FIGURE 3.88 – RÉCURRENCE - EXERCICE 05

(2) Montrons par récurrence que :

$(\forall n \in \mathbb{N}^*)$: 7 divise $A(n)$.

* pour $n = 1$:

$$A(1) = 3^2 - 2^1$$
$$= 9 - 2$$
$$= 7$$

Donc 7 divise $A(1)$

* supposons que : $(\forall n \in \mathbb{N}^*)$: 7 divise $A(n)$

et Montrons que 7 divise $A(n+1)$.

On a : $A(n+1) = 2A(n) + 7 \times 3^{2n}$

et 7 divise $A(n) \Rightarrow A(n) = 7k \,/\, k \in \mathbb{N}$

Donc : $A(n+1) = 2(7k) + 7 \times 3^{2n}$

$$= 7(2k) + 7 \times 3^{2n}$$
$$= 7(2k + 3^{2n})$$
$$= 7k'$$

avec : $k' = (2k + 3^{2n}) \in \mathbb{N}$

Alors : 7 divise $A(n+1)$.

D'où : $(\forall n \in \mathbb{N}^*)$: 7 divise $A(n)$ ∎

FIGURE 3.89 – RÉCURRENCE - EXERCICE 06

Exercice :

Soit $n \in \mathbb{N}$: $U_n = \prod_{k=0}^{n} \left(1 + \frac{1}{2k+1}\right)^2$

1/ Calculer : U_0

2/ Montrer que : $U_{n+1} = \left(1 + \frac{1}{2n+3}\right)^2 U_n$

3/ Montrer par récurrence que :

$(\forall n \in \mathbb{N})$: $U_n > 2n + 3$

Solution :

1/ $U_0 = \left(1 + \frac{1}{2\times 0 + 1}\right)^2 = (1+1)^2 = 2^2 = 4$

2/ $U_{n+1} = \prod_{k=0}^{n+1} \left(1 + \frac{1}{2k+1}\right)^2$

$= \prod_{k=0}^{n} \left(1 + \frac{1}{2k+1}\right)^2 \times \left(1 + \frac{1}{2(n+1)+1}\right)^2$

$= U_n \times \left(1 + \frac{1}{2n+3}\right)^2$

$= \left(1 + \frac{1}{2n+3}\right)^2 . U_n$.

3/ Montrons par récurrence que :

$(\forall n \in \mathbb{N})$: $U_n > 2n + 3$

* Pour $n = 0$:

$U_0 = 4 > 2\times 0 + 3$

" $4 > 3$ "

FIGURE 3.90 – RÉCURRENCE - EXERCICE 07

Donc : $P(0)$ est vraie .

* supposons que : $(\forall n \in \mathbb{N})$. $U_n > 2n+3$

Montrons que : $U_{n+1} > 2n+5$

On a : $$U_{n+1} = \left(1 + \frac{1}{2n+3}\right)^2 . U_n$$
$$= \left(\frac{2n+3+1}{2n+3}\right)^2 . U_n$$
$$= \left(\frac{2n+4}{2n+3}\right)^2 . U_n$$

or, $(\forall n \in \mathbb{N})$; $U_n > 2n+3$

Alors : $$U_{n+1} > \left(\frac{2n+4}{2n+3}\right)^2 \times (2n+3)$$

i.e : $$U_{n+1} > \frac{(2n+4)^2}{2n+3}$$

Puisque : $$(2n+4)^2 > (2n+3)(2n+5)$$

Alors : $$U_{n+1} > \frac{\cancel{(2n+3)}(2n+5)}{\cancel{(2n+3)}}$$

Donc : $U_{n+1} > 2n+5$

D'où : $(\forall n \in \mathbb{N})$: $U_n > 2n+3$

Figure 3.91 – RÉCURRENCE - EXERCICE 08

Exercice :

Montrer par récurrence que :

$(\forall n \in \mathbb{N})$: 11 divise $5^{5n+1} + 4^{5n+2} + 3^{5n}$

Solution :

Posons pour tout $n \in \mathbb{N}$: $A_n = 5^{5n+1} + 4^{5n+2} + 3^{5n}$

* Pour $n = 0$: on a : $A_0 = 22$ donc 11 divise A_0.
* soit $n \in \mathbb{N}$ fixé.

  supposons que 11 divise A_n

  et montrons que 11 divise A_{n+1}

Soit $k \in \mathbb{Z}$: $A_n = 11k$.

on a : $A_{n+1} = 5^{5n+6} + 4^{5n+7} + 3^{5n+5}$

$= 5^5 . 5^{5n+1} + 4^{5n+7} + 3^{5n+5}$

$= 3125 . 5^{5n+1} + 4^{5n+7} + 3^{5n+5}$

$= 3125 \left(A_n - 4^{5n+2} - 3^{5n}\right) + 4^{5n+7} + 3^{5n+5}$

$= 3125 A_n - 4^{5n+2}(3125 - 1024)$

$- 3^{5n}(3125 - 243)$

$= 3125 A_n - 2101 \times 4^{5n+2} - 2882 \times 3^{5n}$

$= 11 \left(3125 k - 191 \times 4^{5n+2} - 262 \times 3^{5n}\right)$

$= 11 k' \;/\; k' \in \mathbb{Z}$.

Conclusion : $(\forall n \in \mathbb{N})$; 11 divise $5^{5n+1} + 4^{5n+2} + 3^{5n}$.

FIGURE 3.92 – RÉCURRENCE - EXERCICE 09

Exercice :

Montrer que : $(\forall n \in \mathbb{N}^*)$; $\displaystyle\sum_{k=1}^{n} \frac{1}{k(k+1)(k+2)} = \frac{n(n+3)}{4(n+1)(n+2)}$

Solution :

* Pour $n = 1$:

On a : $\displaystyle\sum_{k=1}^{1} \frac{1}{k(k+1)(k+2)} = \text{“} \frac{1}{1(1+1)(1+2)} = \frac{1}{6}$

$$= \frac{1(1+3)}{4(1+1)(1+2)}$$

$$= \frac{1}{6} \text{”}$$

soit $n \in \mathbb{N}^*$; fixé.

* Supposons que : $\displaystyle\sum_{k=1}^{n} \frac{1}{k(k+1)(k+2)} = \frac{n(n+3)}{4(n+1)(n+2)}$

* Montrons que : $\displaystyle\sum_{k=1}^{n+1} \frac{1}{k(k+1)(k+2)} = \frac{(n+1)(n+4)}{4(n+2)(n+3)}$

On a : $\displaystyle\sum_{k=1}^{n+1} \frac{1}{k(k+1)(k+2)} = \sum_{k=1}^{n} \frac{1}{k(k+1)(k+2)} + \frac{1}{(n+1)(n+2)(n+3)}$

$$= \frac{n(n+3)}{4(n+1)(n+2)} + \frac{1}{(n+1)(n+2)(n+3)}$$

$$= \frac{n(n+3)^2 + 4}{4(n+1)(n+2)(n+3)}$$

$$= \frac{n^3 + 6n^2 + 4}{4(n+1)(n+2)(n+3)}$$

$$= \frac{(n+1)^2(n+4)}{4(n+1)(n+2)(n+3)}$$

$$= \frac{(n+1)(n+4)}{4(n+2)(n+3)}.$$

FIGURE 3.93 – RÉCURRENCE - EXERCICE 10

Exercice 8 Soit $a \in]0;1[$

Montrer que pour tout $n \geqslant 2$:

$$1 - na < (1-a)^n < \frac{1}{1+na}$$

Solution 8

Soit $a \in]0,1[$. Montrons par récurrence que pour tout $n \in \mathbb{N}^*$: $1 - na < (1-a)^n < \frac{1}{1+na}$

* Pour $n = 2$: On a :

$$1 - 2a < (1-a)^2 < \frac{1}{1+2a}$$

En effet : $(1-a)^2 - (1-2a) = a^2$ et $a^2 > 0$

et $\frac{1}{1+2a} - (1-a)^2 = \frac{3a^2(1-a)}{1+2a} > 0$

* Supposons que : $1 - na < (1-a)^n < \frac{1}{1+na}$

* Montrons que : $1 - (n+1)a < (1-a)^{n+1} < \frac{1}{1+(n+1)a}$

On a : $1 - na < (1-a)^n < \frac{1}{1+na}$

$\Rightarrow (1-na)(1-a) < (1-a)^{n+1} < \frac{1-a}{1+na}$ $/ (1-a) > 0$

$\Rightarrow 1 - (n+1)a + na^2 < (1-a)^{n+1} < \frac{1-a}{1+na}$

FIGURE 3.94 – RÉCURRENCE - EXERCICE 11

On a : $1-(n+1)a < 1-(n+1)a + na^2$

et $\dfrac{1}{1+(n+1)a} - \dfrac{1-a}{1+na} = \dfrac{(n+1)a}{(1+(n+1)a)(1+na)} > 0$

Donc : $\dfrac{1}{1+(n+1)a} > \dfrac{1-a}{1+na}$

D'où :

$$1-(n+1)a < 1-(n+1)a+na^2 < (1-a)^{n+1} < \frac{1-a}{1+na} < \frac{1}{1+(n+1)a}$$

Donc :

$$1-(n+1)a < (1-a)^{n+1} < \frac{1}{1+(n+1)a}$$

Alors : $P(n) \Rightarrow P(n+1)$

D'où $(\forall n \geq 2) \quad 1-na < (1-a)^n < \dfrac{1}{1+na}$

FIGURE 3.95 – RÉCURRENCE - EXERCICE 12

Exercice : Montrer que pour tout $n \in \mathbb{N}^*$:

$$\left(1+\frac{1}{1^3}\right)\left(1+\frac{1}{2^3}\right)\cdots\left(1+\frac{1}{n^3}\right) \leqslant 3-\frac{1}{n}$$

solution :

* Pour $n=1$: $1+\frac{1}{1^3} \leqslant 3-\frac{1}{1}$

* Supposons que : $\left(1+\frac{1}{1^3}\right)\left(1+\frac{1}{2^3}\right)\cdots\left(1+\frac{1}{n^3}\right) \leqslant 3-\frac{1}{n}$

et montrons que :

$$\left(1+\frac{1}{1^3}\right)\left(1+\frac{1}{2^3}\right)\cdots\left(1+\frac{1}{n^3}\right)\left(1+\frac{1}{(n+1)^3}\right) \leqslant 3-\frac{1}{n+1}$$

On a : $\left(1+\frac{1}{1^3}\right)\left(1+\frac{1}{2^3}\right)\cdots\left(1+\frac{1}{n^3}\right) \leqslant 3-\frac{1}{n}$

Donc : $\left(1+\frac{1}{1^3}\right)\left(1+\frac{1}{2^3}\right)\cdots\left(1+\frac{1}{n^3}\right)\left(1+\frac{1}{(n+1)^3}\right) \leqslant \left(3-\frac{1}{n}\right)\left(1+\frac{1}{(n+1)^3}\right)$

Il suffit de montrer que :

$$\left(3-\frac{1}{n}\right)\left(1+\frac{1}{(n+1)^3}\right) \leqslant \left(3-\frac{1}{n+1}\right)$$

On a : $\left(3-\frac{1}{n+1}\right)-\left(3-\frac{1}{n}\right)\left(1+\frac{1}{(n+1)^3}\right) = \frac{n^2-n+2}{n(n+1)^3}$

Puisque : $\frac{n^2-n+2}{n(n+1)^3} \geqslant 0$

Alors : $\left(3-\frac{1}{n}\right)\left(1+\frac{1}{(n+1)^3}\right) \leqslant \left(3-\frac{1}{n+1}\right)$

Conclusion : $(\forall n \in \mathbb{N}^*)$: $\left(1+\frac{1}{1^3}\right)\left(1+\frac{1}{2^3}\right)\cdots\left(1+\frac{1}{n^3}\right) \leqslant 3-\frac{1}{n}$

FIGURE 3.96 – RÉCURRENCE - EXERCICE 13

Exercice :

1/ Vérifier que pour tout $n \geqslant 3$, on a : $(n+1)^3 \leqslant 3n^3$

2/ Montrer par récurrence que : $(\forall n \geqslant 3)$: $3^n \geqslant n^3$

Solution :

1/ On a : $3n^3 - (n+1)^3 = 3n^3 - (n^3 + 3n^2 + 3n + 1)$

$$= 2n^3 - 3n^2 - 3n - 1$$

$$= n(2n^2 - 3n - 3) - 1$$

$$= n(n(2n-3) - 3) - 1$$

Puisque : $n \geqslant 3 \Rightarrow 2n - 3 \geqslant 3$ et $n(2n-3) \geqslant 9$

d'où : $n(2n-3) - 3 \geqslant 6$

Donc : $n(n(2n-3) - 3) \geqslant 18$

Alors : $n(n(2n-3) - 3) - 1 \geqslant 17 \geqslant 0$

Donc : $3n^3 - (n+1)^3 \geqslant 0$

D'où : $\forall n \geqslant 3$: $(n+1)^3 \leqslant 3n^3$

FIGURE 3.97 – RÉCURRENCE - EXERCICE 14

2/ Montrons par récurrence que : $\forall n \geqslant 3 : 3^n \geqslant n^3$

* Pour $n = 3$: $3^3 \geqslant 3^3$

* Supposons que : $3^n \geqslant n^3$, pour $n \geqslant 3$

et montrons que : $3^{n+1} \geqslant (n+1)^3$

On a : $3^n \geqslant n^3 \iff 3^{n+1} \geqslant 3n^3$

On a : $3n^3 \geqslant (n+1)^3$; pour $n \geqslant 3$

Donc : $3^n \geqslant n^3 \iff 3^{n+1} \geqslant 3n^3$

$\iff 3^{n+1} \geqslant 3n^3 \geqslant (n+1)^3$

Donc : pour $n \geqslant 3$. $3^{n+1} \geqslant (n+1)^3$

Conclusion : Pour tout entier $n \geqslant 3$:

$3^n \geqslant n^3$.

FIGURE 3.98 – RÉCURRENCE - EXERCICE 15

Exercice :

Montrer que pour tout entier $n \geq 2$:

$$1 + \frac{1}{2^2} + \frac{1}{3^2} + \dots + \frac{1}{n^2} \geq \frac{3n}{2n+1}$$

Solution :

Montrons par récurrence que $\forall n \geq 2$:

$$1 + \frac{1}{2^2} + \frac{1}{3^2} + \dots + \frac{1}{n^2} \geq \frac{3n}{2n+1}$$

+ Pour $n = 2$: $1 + \frac{1}{2^2} \geq \frac{3 \times 2}{3 \times 2 + 1}$ car $\frac{5}{4} \geq \frac{6}{5}$

+ Supposons que : $1 + \frac{1}{2^2} + \frac{1}{3^2} + \dots + \frac{1}{n^2} \geq \frac{3n}{2n+1}$

et montrons que : $1 + \frac{1}{2^2} + \dots + \frac{1}{n^2} + \frac{1}{(n+1)^2} \geq \frac{3n+3}{2n+3}$

On a : $1 + \frac{1}{2^2} + \frac{1}{3^2} + \dots + \frac{1}{n^2} \geq \frac{3n}{2n+1}$

Donc : $1 + \frac{1}{2^2} + \frac{1}{3^2} + \dots + \frac{1}{n^2} + \frac{1}{(n+1)^2} \geq \frac{3n}{2n+1} + \frac{1}{(n+1)^2}$

Il suffit de montrer que :

$$\frac{3}{2n+1} + \frac{1}{(n+1)^2} \geq \frac{3n+3}{2n+3}$$

On a : $\frac{3}{2n+1} + \frac{1}{(n+1)^2} - \frac{3n+3}{2n+3} = \frac{1}{(n+1)^2} - \frac{3}{(2n+1)(2n+3)}$

$$= \frac{n^2+2n}{(n+1)^2(2n+1)(2n+3)}$$

Figure 3.99 – RÉCURRENCE - EXERCICE 16

Comme : $\dfrac{n^2 + 2n}{(n+1)^2(2n+1)(2n+3)} \geqslant 0$

Alors : $\dfrac{3n}{2n+1} + \dfrac{1}{(n+1)^2} \geqslant \dfrac{3n+3}{2n+3}$

Par suite : $1 + \dfrac{1}{2^2} + \dots + \dfrac{1}{n^2} + \dfrac{1}{(n+1)^2} \geqslant \dfrac{3n+3}{2n+3}$

Donc : $\forall n \geqslant 2 : P(n) \Rightarrow P(n+1)$

Conclusion :

Pour tout entier $n \geqslant 2$;

$1 + \dfrac{1}{2^2} + \dfrac{1}{3^2} + \dots + \dfrac{1}{n^2} \geqslant \dfrac{3n}{2n+1}$

Figure 3.100 – RÉCURRENCE - EXERCICE 17

Exercice :

Montrer que : $(\forall n \in \mathbb{N})$; $\sum_{k=0}^{n} k^2 = \frac{n(n+1)(2n+1)}{6}$

Solution : Montrons que : $(\forall n \in \mathbb{N})$; $\sum_{k=0}^{n} k^2 = \frac{n(n+1)(2n+1)}{6}$

* Pour $n = 0$:

$$0^2 = \frac{0(0+1)(2\times 0+1)}{6} = 0$$

* Supposons que : $\forall n \in \mathbb{N}$; $\sum_{k=0}^{n} k^2 = \frac{n(n+1)(2n+1)}{6}$

et montrons que : $\sum_{k=0}^{n+1} k^2 = \frac{(n+1)(n+2)(2n+3)}{6}$

On a :

$$\sum_{k=0}^{n+1} k^2 = \sum_{k=0}^{n} k^2 + (n+1)^2$$

$$= \frac{n(n+1)(2n+1)}{6} + (n+1)^2$$

$$= \frac{n(n+1)(2n+1) + 6(n+1)^2}{6}$$

$$= \frac{(n+1)(n(2n+1) + 6n+6)}{6}$$

$$= \frac{(n+1)(2n^2+7n+6)}{6}$$

or : $2n^2 + 7n + 6 = (n+2)(2n+3)$

Donc : $\sum_{k=0}^{n+1} k^2 = \frac{(n+1)(n+2)(2n+3)}{6}$

D'où : $(\forall n \in \mathbb{N})$; $\sum_{k=0}^{n} k^2 = \frac{n(n+1)(2n+1)}{6}$

FIGURE 3.101 – RÉCURRENCE - EXERCICE 18

Exercice : Montrer que $(\forall n \in \mathbb{N}^*)$;

$$P(n) : \sum_{k=1}^{n} k(k+1) = \frac{n(n+1)(n+2)}{3}$$

Solution : Montrons par récurrence que $(\forall n \in \mathbb{N}^*)$: $P(n)$

* Pour $n = 1$

$$1(1+1) = \frac{1(1+1)(1+2)}{3}$$

$$\Leftrightarrow \quad 2 = \frac{2 \times 3}{3} \quad \Leftrightarrow \quad 2 = 2$$

Donc $P(1)$ est vraie.

* Supposons que pour $n \geq 1$: $\sum_{k=1}^{n} k(k+1) = \frac{n(n+1)(n+2)}{3}$

et montrons que : $\sum_{k=1}^{n+1} k(k+1) = \frac{(n+1)(n+2)(n+3)}{3}$

On a :
$$\sum_{k=1}^{n+1} k(k+1) = \sum_{k=1}^{n} k(k+1) + (n+1)(n+2)$$

$$= \frac{n(n+1)(n+2)}{3} + (n+1)(n+2)$$

$$= \frac{n(n+1)(n+2) + 3(n+1)(n+2)}{3}$$

$$= \frac{(n+1)(n+2)(n+3)}{3}$$

Donc : $P(n) \Longrightarrow P(n+1)$

D'où : $(\forall n \in \mathbb{N}^*)$; $\sum_{k=1}^{n} k(k+1) = \frac{n(n+1)(n+2)}{3}$

FIGURE 3.102 – RÉCURRENCE - EXERCICE 19

Exercice : Montrer que : $(\forall n \in \mathbb{N})$; $3^n \geq 1+2n$

Solution :

Montrons par récurrence que :

$P(n)$: $(\forall n \in \mathbb{N})$; $3^n \geq 1+2n$

* Pour $n=0$:

$P(0)$: $3^0 \geq 1+2\times 0 \iff 1 \geq 1$

Donc $P(0)$ est Vraie.

* Supposons que pour n fixé : $3^n \geq 1+2n$

et montrons que : $3^{n+1} \geq 1+2(n+1)$

c'est-à-dire : $3^{n+1} \geq 3+2n$

On a : $3^{n+1} = 3^n \times 3$

et on a : $3^n \geq 1+2n$

Donc $3^{n+1} \geq (1+2n)\times 3$

$\iff 3^{n+1} \geq 3+6n$

$\implies 3^{n+1} \geq 3+2n \quad (6n \geq 2n)$

Donc $P(n) \implies P(n+1)$

D'où : $(\forall n \in \mathbb{N})$; $3^n \geq 1+2n$

FIGURE 3.103 – RÉCURRENCE - EXERCICE 20

Exercice :

Montrer que : $(\forall n \in \mathbb{N})$; $3^{2n+1} + 2^{n+2}$ est divisible par 7

Solution :

Montrons par récurrence que : $(\forall n \in \mathbb{N})$;

$3^{2n+1} + 2^{n+2}$ est divisible par 7

i.e : $P(n) : 3^{2n+1} + 2^{n+2} = 7k \ / \ k \in \mathbb{N}$

* Pour $n = 0$:

$$P(0) : 3^{2\times 0+1} + 2^{0+2} = 3^1 + 2^2$$
$$= 3 + 4$$
$$= 7$$

Donc : $P(0)$ est vraie.

* Supposons que : $3^{2n+1} + 2^{n+2} = 7k \ / \ k \in \mathbb{N}$

et montrons que : $3^{2n+3} + 2^{n+3} = 7k' \ / k' \in \mathbb{N}$

On a : $3^{2n+1} + 2^{n+2} = 7k \iff 2^{n+2} = 7k - 3^{2n+1}$

et on a :
$$3^{2n+3} + 2^{n+3} = 3^{2n+3} + 2^{n+2} \times 2$$
$$= 3^{2n+3} + (7k - 3^{2n+1}) \times 2$$
$$= 3^{2n+3} + 14k - 2 \times 3^{2n+1}$$
$$= 3^{2n+1}(3^2 - 2) + 14k$$
$$= 7 \times 3^{2n+1} + 14k$$
$$= 7(3^{2n+1} + 2k) = 7k' \ / \ k' \in \mathbb{N}$$

Donc : $(\forall n \in \mathbb{N})$ $3^{2n+1} + 2^{n+2}$ est divisible par 7 .

FIGURE 3.104 – RÉCURRENCE - EXERCICE 21

Exercice :

Montrer que : $(\forall n \in \mathbb{N}^*) : \sum_{k=1}^{n} k = \frac{n(n+1)}{2}$

Solution :

soit $P(n)$: " $(\forall n \in \mathbb{N}^*) : \sum_{k=1}^{n} k = \frac{n(n+1)}{2}$ "

* pour $n = 1$:

$$1 = \frac{1(1+1)}{2}$$

$$= \frac{2}{2}$$

$$1 = 1$$

$P(1)$ est vraie .

* supposons que : $(\forall n \in \mathbb{N}^*) : \sum_{k=1}^{n} k = \frac{n(n+1)}{2}$

* Montrons que : $\sum_{k=1}^{n+1} k = \frac{(n+1)(n+2)}{2}$

c'est-à-dire : $(\forall n \in \mathbb{N}^*) : P(n) \Rightarrow P(n+1)$

on a : $\sum_{k=1}^{n+1} k = \sum_{k=1}^{n} k + (n+1)$

or, $\sum_{k=1}^{k} k = \frac{n(n+1)}{2}$ (hypothèse)

Donc : $\sum_{k=1}^{n+1} k = \frac{n(n+1)}{2} + (n+1) = \frac{n(n+1) + 2(n+1)}{2}$

$$= \frac{(n+1)(n+2)}{2}$$

13)

FIGURE 3.105 – RÉCURRENCE - EXERCICE 22

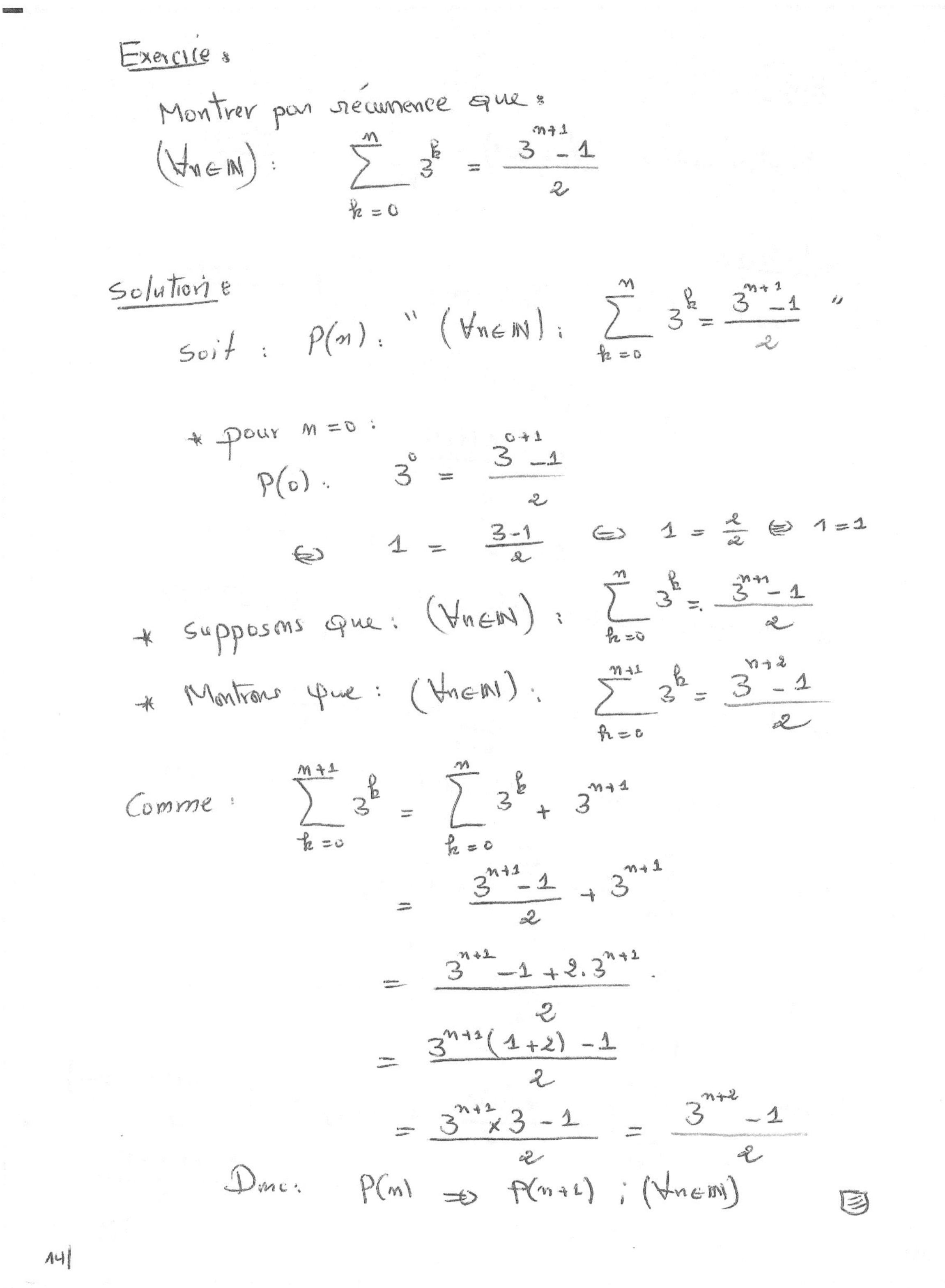

Exercice :

Montrer par récurrence que :

$$(\forall n \in \mathbb{N}) : \sum_{k=0}^{n} 3^k = \frac{3^{n+1} - 1}{2}$$

Solution :

soit : $P(n)$: " $(\forall n \in \mathbb{N})$; $\sum_{k=0}^{n} 3^k = \frac{3^{n+1}-1}{2}$ "

* pour $n = 0$:

$$P(0) : \quad 3^0 = \frac{3^{0+1}-1}{2}$$

$$\Leftrightarrow \quad 1 = \frac{3-1}{2} \quad \Leftrightarrow \quad 1 = \frac{2}{2} \quad \Leftrightarrow \quad 1 = 1$$

* supposons que : $(\forall n \in \mathbb{N})$: $\sum_{k=0}^{n} 3^k = \frac{3^{n+1}-1}{2}$

* Montrons que : $(\forall n \in \mathbb{N})$; $\sum_{k=0}^{n+1} 3^k = \frac{3^{n+2}-1}{2}$

Comme :

$$\sum_{k=0}^{n+1} 3^k = \sum_{k=0}^{n} 3^k + 3^{n+1}$$

$$= \frac{3^{n+1}-1}{2} + 3^{n+1}$$

$$= \frac{3^{n+1} - 1 + 2 . 3^{n+1}}{2}$$

$$= \frac{3^{n+1}(1+2) - 1}{2}$$

$$= \frac{3^{n+1} \times 3 - 1}{2} = \frac{3^{n+2} - 1}{2}$$

Donc : $P(n) \Rightarrow P(n+1)$; $(\forall n \in \mathbb{N})$

141

FIGURE 3.106 – RÉCURRENCE - EXERCICE 23

Exercice 8

Montrer que : $(\forall n \in \mathbb{N}^*) : 1 + 2^3 + 3^3 + \dots + n^3 = \frac{n^2(n+1)^2}{4}$

Solution 8

soit $P(n)$: " $(\forall n \in \mathbb{N}^*) : \sum_{k=1}^{n} k^3 = \frac{n^2(n+1)^2}{4}$

* pour $n = 1$:

$$P(1) : \quad 1^3 = \frac{1^2(1+1)^2}{4} \Rightarrow 1 = \frac{2^2}{4}$$

$$\Leftrightarrow 1 = \frac{4}{4}$$

$$\Leftrightarrow 1 = 1$$

* Supposons que : $(\forall n \in \mathbb{N}^*) : \sum_{k=1}^{n} k^3 = \frac{n^2(n+1)^2}{4}$

* Montrons que : $P(n) \Rightarrow P(n+1)$

c'est-à-dire : $\sum_{k=1}^{n+1} k^3 = \frac{(n+1)^2(n+2)^2}{4}$

Comme :

$$\sum_{k=1}^{n+1} k^3 = \sum_{k=1}^{n} k^3 + (n+1)^3$$

$$= \frac{n^2(n+1)^2}{4} + (n+1)^3$$

$$= \frac{n^2(n+1)^2 + 4(n+1)^3}{4}$$

$$= \frac{(n+1)^2(n^2+4(n+1))}{4} = \frac{(n+1)^2(n^2+4n+4)}{4}$$

$$= \frac{(n+1)^2(n+2)^2}{4}$$

151

FIGURE 3.107 – RÉCURRENCE - EXERCICE 24

Exercice :

Montrer par récurrence que :

$(\forall n \geq 4)$: $2^n \geq n^2$

Solution :

* pour : $n = 4$

on a : $2^4 = 16 \geq 4^2 = 16$

* supposons que : $\forall n \geq 4$: $2^n \geq n^2$

* Montrons que : $2^{n+1} \geq (n+1)^2$

On a : $2^{n+1} = 2^n \times 2$

D'après l'hypothèse : $2^n \geq n^2$

Donc : $2 . 2^n \geq 2n^2$

: $2^{n+1} \geq 2n^2$

$2^{n+1} \geq n^2 + n^2$

et on a : $n^2 \geq 2n + 1$

Donc : $2^{n+1} \geq n^2 + 2n + 1$

D'où : $2^{n+1} \geq (n+1)^2$

Alors : $(\forall n \geq 4)$: $2^n \geq n^2$

FIGURE 3.108 – RÉCURRENCE - EXERCICE 25

Quatrième partie

EXERCICES

Exercice :

Montrer que : $(\forall n\in\mathbb{N}^*)$, $\left(1-\frac{1}{n^2}\right)^n\left(1+\frac{1}{n}\right)<1$

Exercice :

Montrer que : $\forall (x;y;a;b)\in\mathbb{R}_{+*}^4$

$$x<y \iff \frac{x}{y}<\frac{ax+by}{bx+ay}$$

Exercice :

Montrer que : $\forall x\in[-2;2]$: $x-\sqrt{4-x^2}\geq 2\sqrt{2}$

Exercice :

Montrer que : $(\forall \varepsilon>0)$: $|a|\leq\varepsilon \Rightarrow a=0$

Exercice :

Montrer que : $(\forall n\in\mathbb{N})$; $n\geq 2 \Rightarrow \frac{n^2+1}{n^3-n}\notin\mathbb{N}$

Exercice : soit $(a;b)\in\mathbb{N}^2$

Montrer que : $a>b \Rightarrow \frac{a^2+b^2}{a^2-b^2}\notin\mathbb{N}$

Exercice : Résoudre dans $\mathbb{R}$ l'équation :

$$\left|\frac{x}{x+1}\right|=|x|$$

FIGURE 3.109 – EXERCICES

Exercice :

Soit f une application définie de $\mathbb{N}^*$ dans $\mathbb{N}^*$

par : $(\forall n \in \mathbb{N}^*) : f(f(n)) = f(n+1) - f(n)$

Montrer que : $(\forall n \in \mathbb{N}^*)$; $f(n) \leq n$

avec :

$$f : \mathbb{N}^* \longrightarrow \mathbb{N}^*$$

$$f(n) \longmapsto f(f(n)) = f(n+1) - f(n)$$

Exercice :

Montrer que : $(\forall \varepsilon > 0)\ (\exists \eta > 0) : |x - 1| < \eta$

$$\Longrightarrow \left| \frac{x^2+1}{x+2} - \frac{2}{3} \right| \leq \varepsilon$$

Exercice :

Montrer qu'elle existe une fonction

$f : \mathbb{R} \longrightarrow \mathbb{R}$ vérifiante :

$(\forall x \in \mathbb{R})$; $x^2 f(x) - f(1-x) = 2x - x^4$

Exercice : Montrer qu'elle existe une fonction

$f : \mathbb{N} \longrightarrow \mathbb{N}$ telle que :

$(\forall m \in \mathbb{N})\ (\forall n \in \mathbb{N})$: $f(n)^{f(m)} = m^n$

Exercice : Montrer que :

$(\forall n \in \mathbb{N}^*)$, $\sqrt{\dfrac{n}{n+2}} \notin \mathbb{Q}$

Figure 3.110 – EXERCICES

Exercice 8

Soit $q \in]-1;1[$. On pose $\forall n \in \mathbb{N}^*$:

$$f(n) = \frac{q}{1-q^2} + \frac{q^2}{1-q^4} + \dots + \frac{q^{2^{n-1}}}{1-q^{2^n}}$$

et

$$g(n) = \frac{q - q^{2^n}}{(1-q)(1-q^{2^n})}$$

Montrer par récurrence que $\forall n \in \mathbb{N}^*$: $f(n) = g(n)$

Exercice 9 Soit $a, b \in \mathbb{R}_*^+$ et $a \neq b$

Montrer par récurrence que : $\forall n \in \mathbb{N}$:

$$\left(\frac{a+b}{2}\right)^n \leq \frac{a^n + b^n}{2}$$

Exercice 9 Soit $n \in \mathbb{N}$: $n \geq 24$

Montrer par récurrence que : $(\exists (p, q) \in \mathbb{Z}^2)$; $n = 5p + 7q$

Exercice 9 Soit $n \in \mathbb{N}^*$,

1/ Montrer par récurrence que :

$$(\exists (a_n, b_n) \in \mathbb{N}^2) \; ; \; (1+\sqrt{2})^n = a_n + b_n\sqrt{2}$$

2/ Donner les expressions de a_{n+1} et b_{n+1} en fonction de a_n et b_n.

3/ Calculer : $(1+\sqrt{2})^5$.

FIGURE 3.111 – EXERCICES

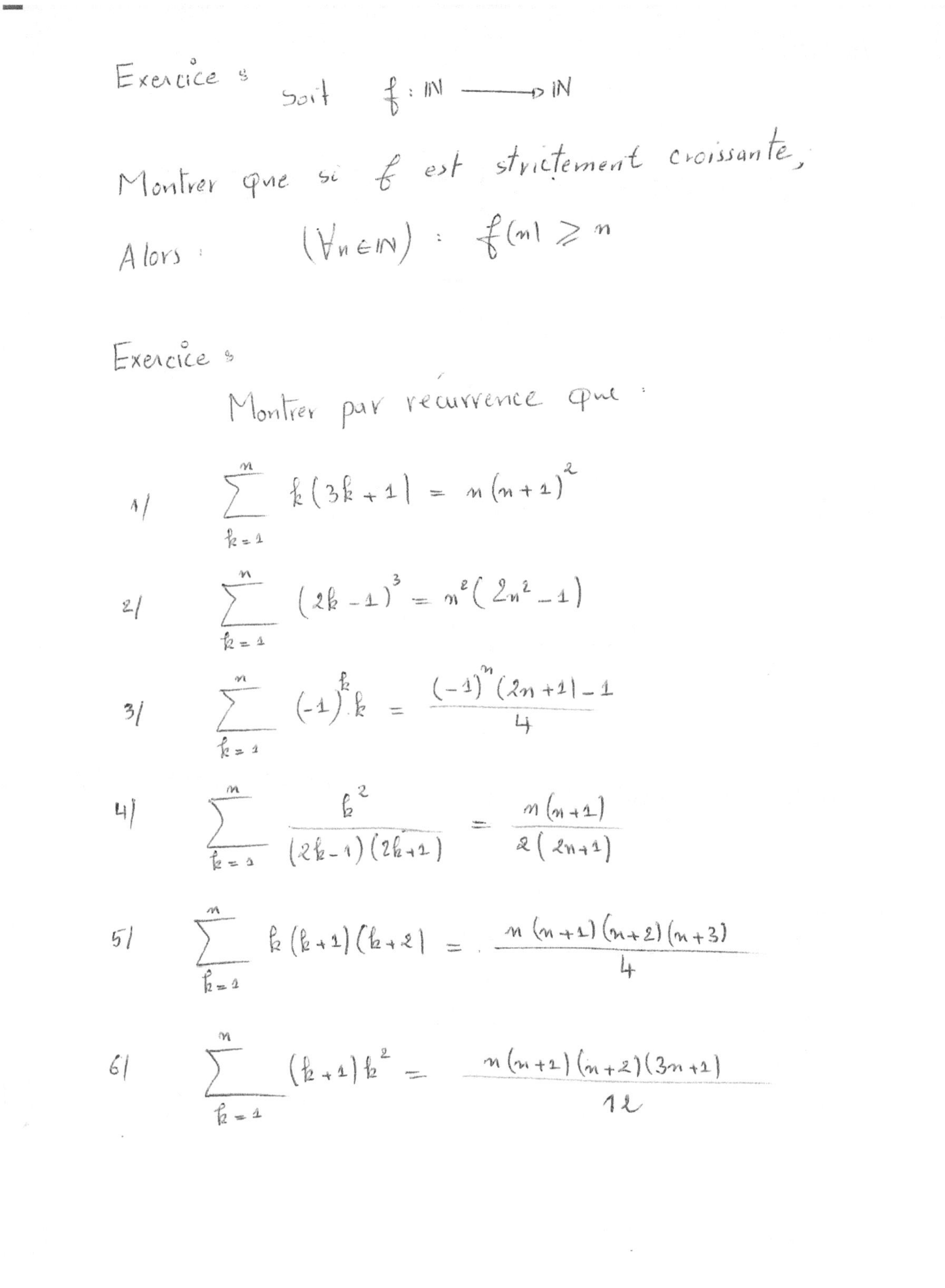

Exercice :

Soit $f : \mathbb{N} \longrightarrow \mathbb{N}$

Montrer que si f est strictement croissante,

Alors : $(\forall n \in \mathbb{N}) : f(n) \geq n$

Exercice :

Montrer par récurrence que :

1/ $\sum_{k=1}^{n} k(3k+1) = n(n+1)^2$

2/ $\sum_{k=1}^{n} (2k-1)^3 = n^2(2n^2-1)$

3/ $\sum_{k=1}^{n} (-1)^k . k = \frac{(-1)^n(2n+1)-1}{4}$

4/ $\sum_{k=1}^{n} \frac{k^2}{(2k-1)(2k+1)} = \frac{n(n+1)}{2(2n+1)}$

5/ $\sum_{k=1}^{n} k(k+1)(k+2) = \frac{n(n+1)(n+2)(n+3)}{4}$

6/ $\sum_{k=1}^{n} (k+1)k^2 = \frac{n(n+1)(n+2)(3n+1)}{12}$

FIGURE 3.112 – EXERCICES

Cinquième partie

CONCLUSION

La logique et le raisonnement mathématiques jouent un rôle fondamental dans notre compréhension et notre interaction avec le monde qui nous entoure. Ils forment la base de nombreuses disciplines scientifiques, de la résolution de problèmes quotidiens à la recherche de solutions à des questions complexes. La logique mathématique nous permet de déduire des conclusions valables à partir de prémisses, d'établir des preuves rigoureuses et de résoudre des problèmes de manière systématique.

Les sciences formelles font partie intégrante de la trilogie qui forme la science (formelle, humaine, expérimentale). Elles brillent par leur rigueur, leur précision, leur cohérence et permettent de discipliner notre discours. Les mathématiques et la logique entretiennent des rapports étroits car, les mathématiques empruntent à la logique la rigueur du raisonnement et la logique fait recours au langage mathématique pour rendre ses propositions plus compréhensibles.
Les connaissances auxquelles elles aboutissent sont certaines et c'est pour cette raison qu'on les qualifie de « sciences exactes ». C'est sans doute ce qui a conduit Descartes à penser que les connaissances mathématiques sont des semences d'origine divine et en cela elles sont absolues. Pourtant cette valeur est à relativiser car d'une part, il existe des domaines entiers de la réalité qui échappent à la logique et aux mathématiques ; et d'autre part, ces sciences formelles sont des ennemis de la spontanéité et de la créativité en l'homme. Il convient donc de toujours garder à l'esprit que la logique et les mathématiques ne sont que des formes de savoir parmi tant d'autres.

En conclusion, la logique et le raisonnement mathématiques sont des compétences essentielles pour le développement de la pensée critique, de la créativité, et pour résoudre des problèmes dans un large éventail de domaines. Ils sont au cœur de la science, de la technologie, de l'ingénierie et des mathématiques, et ils ont une influence profonde sur notre compréhension du monde. En cultivant ces compétences, nous sommes mieux armés pour relever les défis complexes de notre société en constante évolution.

La logique et le raisonnement mathématiques sont également cruciaux pour la prise de décisions éclairées. Ils nous aident à analyser des situations, à évaluer des informations, et à distinguer entre des arguments valides et invalides. Ces compétences sont précieuses dans de nombreuses sphères de la vie, que ce soit pour la gestion financière, la planification stratégique, la résolution de conflits ou la prise de décisions éthiques.

De plus, la logique et le raisonnement mathématiques sont au cœur de l'innovation technologique. Ils sont essentiels pour la programmation informatique, la modélisation de phénomènes complexes, la cryptographie et de nombreuses autres applications qui façonnent notre monde numérique.

En fin de compte, la logique et le raisonnement mathématiques sont des outils puissants qui nous permettent d'explorer, de comprendre et de transformer notre réalité. Leur importance s'étend bien au-delà des salles de classe et des laboratoires, et ils sont des piliers essentiels de la pensée humaine, de la découverte scientifique et de l'innovation technologique. Il est donc essentiel de les cultiver et de les promouvoir pour favoriser la croissance intellectuelle et le progrès de la société.

En conclusion, pour les élèves de niveau terminale, la maîtrise de la logique et du raisonnement mathématiques est une compétence fondamentale qui ouvre des portes vers de nombreuses opportunités futures. Elle leur permet d'acquérir une compréhension plus profonde du monde qui les entoure, de résoudre des problèmes complexes, et de prendre des décisions éclairées. Ces compétences sont non seulement utiles dans le contexte académique, mais aussi dans la vie quotidienne et dans leur avenir professionnel. Il est donc essentiel de les cultiver et de les perfectionner pour se préparer à un avenir riche en défis et en opportunités.

FIGURE 3.113 – Montesquieu

"Les propositions mathématiques sont reçues comme vraies parce que personne n'a intérêt qu'elles soient fausses." Montesquieu

Sixième partie

BIBLIOGRAPHIE

Bibliographie

[1] Pierre Le Barbenchon, Sophie Pinchinat, François Schwarzentruber *Logique : fondements et applications, 2022.*

[2] Gilles Dowek. *Les démonstrations et les algorithmes,Introduction à la logique et à la calculabilité, 2010.*

[3] LFA 2019. *Rencontres francophones sur la logique floue et ses applications,2019.*

[4] Bernadette Bouchon-Meunier, Christophe Marsala. *Traitement de données complexes Informatique et systèmes d'information,12/10/2002*

[5] de René Cori , Daniel Lascar . *Logique mathématique - Tome 1 - Calcul propositionnel,2021*

[6] de René David , Karim Nour , Christophe Raffalli . *Introduction à la logique - 2e éd. - Théorie de la démonstration : Théorie de la démonstration,2019*

[7] Nielson Phu. *The College Panda's ACT Math, 2017.*

[8] Michael Corral. *Trigonometry. Re-licensed under the terms of the GNU Free Documentation License version 1.3, 2012-06-14.*

[9] Margaret L. Lial, John Hornsby, David I.Schneider, Callie Daniels. *Trigonometry, :2016.*

[10] LARSON. *Trigonometry. International Edition,*

[11] Carl Stitz and Jeff Zeager. *College Trigonometry,*

[12] P.BARTHES, J.COURTOIS, P.LOUQUET, J. MARTIN, A. VOGT *Géométrie et cinématique,Armand colin , Paris, 1972.*

[13] J. GUILLOTON, P.HUAUME, H. RABAH, P.SALETTE *Mathématiques Groupement C,DELAGRAVE , Paris, 2014.*

[14] Sébastien Desnoues *Les bases en mathématiques : Mon essentiel , Orléans, 2019.*

www.ingramcontent.com/pod-product-compliance
Lightning Source LLC
LaVergne TN
LVHW080430061026
849532LV00015B/3377
9798224366088